KB240767

한국의 토종개

글/하지홍, 임인학 ● 사진/임인학

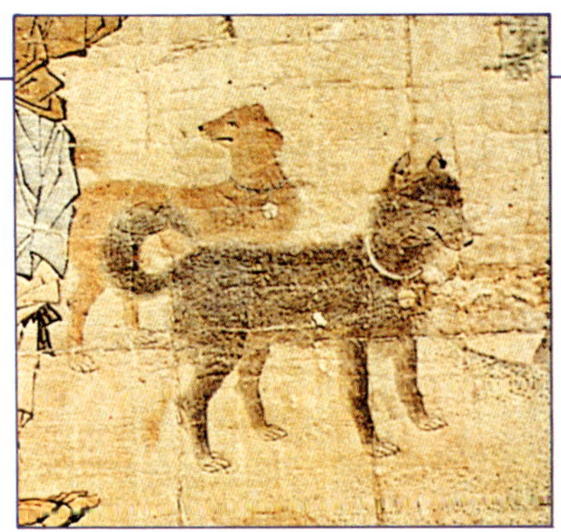

 대원사

옛그림/삽살개 — 하지홍 ————
1953년 대구에서 태어나 경북대 농화
학과를 졸업한 뒤 미국 일리노이
주립대에서 미생물 유전학으로 박사
학위를 받았다. 현재 경북대학교 자연
대 유전공학과 교수로 있으며 사단법
인 한국 삽살개 보존회 부회장으로
삽살개에 관한 유전자, 혈통 연구와
함께 보존과 혈통고정사업을 추진하
고 있다. '삽살개의 모색 특징과 혈통
에 관한 연구' 외 30여 편의 논문과
3권의 저서(공저)가 있다.

진돗개 — 임인학 ————
1961년 서울에서 태어나 인천대 국문
학과를 졸업했다. 졸업 뒤 잡지사의
취재기자와 사진기자를 거쳐 지금은
현대정공 홍보실에서 일하고 있다.
글과 사진을 함께 하는 자유기고가로
도 활동하고 있으며 진돗개, 삽살개
등 한국의 토종개에 대한 글쓰기와
사진 작업을 주로 하고 있다. 92년에
「애견기르기」(대원사 刊)의 사진을
맡아 출간한 바 있다.

한국의 토종개

들어가는 말　　6

옛그림으로 살펴보는 한국개　　15

삽살개　　44

　삽살개의 유래와 전설　　44

　삽살개와 관련된 옛문헌과 이야기들　　50

　천연기념물 지정 경위　　57

　현대 생물학적 연구 방법에 의한 삽살개 탐구　64

　체형, 성품 및 훈련 능력　　79

　삽살개의 육종 방향　　86

진돗개　　89

　진돗개의 유래와 보호 과정　　89

　진돗개의 표준 체형　　96

　진돗개의 품성　　102

　우수 진돗개 고르는 법　　105

　진도 현지에서 개를 구입하고자 할 때　　108

　도시에서 진돗개를 구입하고자 할 때　　111

　주의해야 할 가짜 진돗개　　112

　진돗개의 사육과 훈련　　114

　진돗개의 번식과 종견 선정　　119

　진돗개의 육종 방향　　122

끝맺는 말　　124

참고 문헌　　126

한국의 토종개

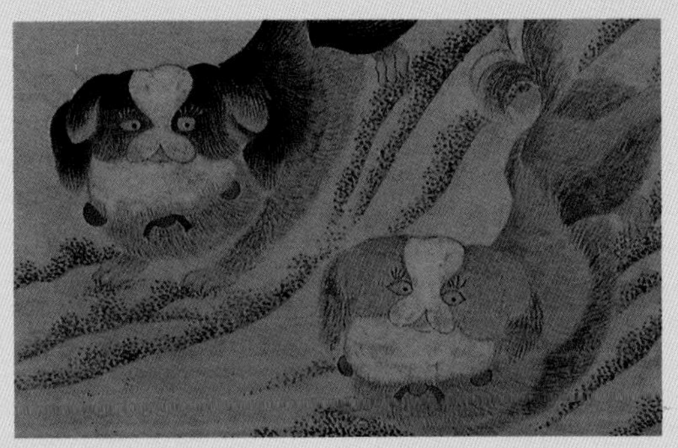

들어가는 말

　세계 여러 나라마다 민족과 문화, 풍습이 다르듯 각기 다른 고유의 토종개를 가지고 있다. 토종개란 오래 전부터 그 나라 민족들에 의해 보존, 개량되어 길러 온 토착견으로 현재까지 뚜렷하게 유전력이 고정된 고유의 개를 말한다.

　세계적으로 견종의 수는 3백여 종에 달하고 있는데 그 가운데에서는 원종(原種)의 형태를 그대로 유지하고 있는 개보다는 사람의 기호에 따라 의도적으로 개량, 작출(作出)된 개들의 수가 훨씬 많다. 이렇게 인위적으로 탄생돼 새로운 품종이 된 개나, 사람들의 이주에 따라 원산국을 떠나 다른 나라에 정착하여 오랜 세월 그 나라의 개로 토착화된 개들도 모두 토종개에 속한다고 볼 수 있다. 독일의 셰퍼드, 도베르만핀셔, 포메라니안, 영국의 요크셔테리어, 불독, 잉글리시코커스패니엘, 미국의 보스턴테리어, 프랑스의 푸들, 러시아의 볼조이, 스위스의 세인트버너드 등은 그 나라를 대표하는 토종개인 셈이다. 아시아권에서는 중국의 페키니즈, 차우차우, 시추, 차이니즈 크레스티드 독, 퍼그, 일본에는 아키다, 시바, 기슈, 시코쿠, 홋카이도, 도사, 일본 스피츠, 칭 등이 있다.

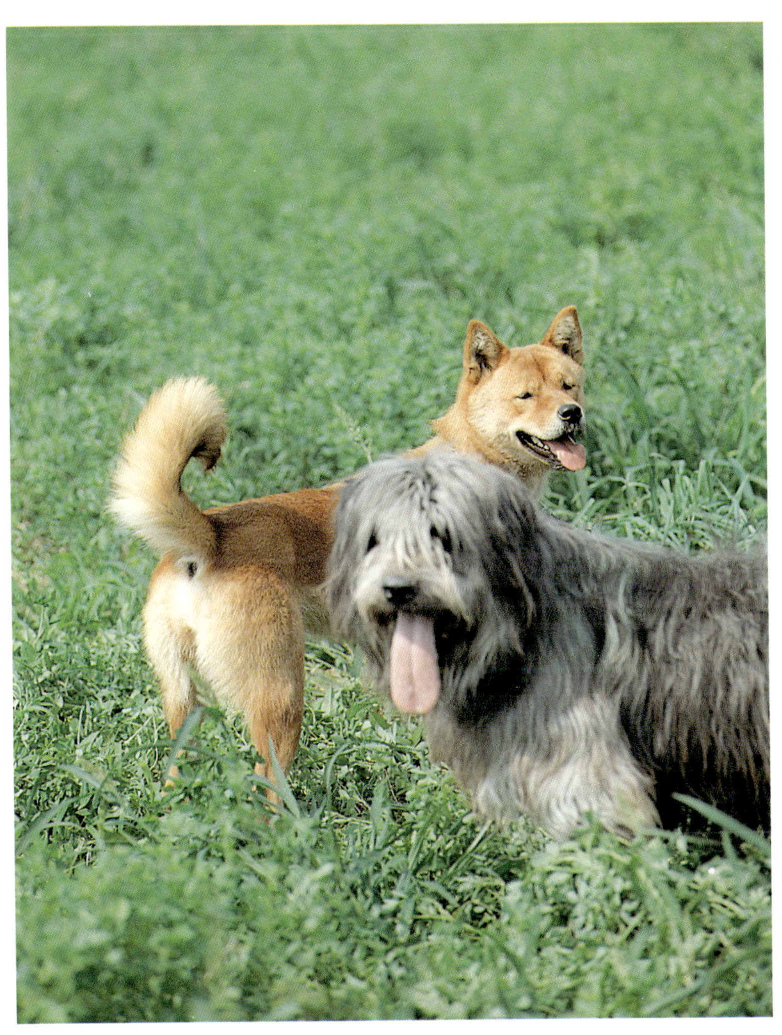

진돗개와 삽살개 토종개는 그 나라 민족들에 의해 보존, 개량되어 길러 온 토착견으로서 나라마다 고유의 토종개가 있다. 우리나라의 진돗개나 삽살개도 우리의 대표적인 토종개로서 뛰어난 품성을 지니고 있다.

한국 토종개의 역사

한국의 토종개는 자생적(自生的)인 개가 오랜 순화를 거쳐 토종개
가 됐다는 설과 인접한 대륙으로부터 전래된 개가 자손을 퍼뜨려
토종개가 됐다는 설이 있다. 앞의 설은 우리나라 구석기 시대 무덤
인 동래 패총과 신석기 시대 무덤인 김해 패총에서 사람이 사육한
것으로 보이는 개의 뼈가 발굴되었다는 사실에 근거를 두고 있다.
뒤의 설은 신라나 고려의 그림 및 문헌에 나타나는 개들의 모습이
지금 사육되고 있는 우리나라 토종개의 원형으로 유추되는 데다,
그들의 모습이 북방계의 견종이나 몽고, 티베트 견종과 유사하다는
것을 들고 있다.

진돗개는 몽고견이 남하(南下)하여, 삽살개는 티베트의 마스티프
종이 건너와 각기 진돗개와 삽살개의 시조가 되었다는 것이다. 일반
적으로 한국의 토종개는 자생적인 토착견이 대륙으로부터 들어온
대륙견과의 교잡을 통해 탄생된 것으로 보는 시각이 지배적이다.

일본이 자랑하는 일본 고유의 토종개들도 한국의 토종개가 큰
영향을 미쳤다. 이상오(李相旿 「수렵비화」박문사, 1971)에 따르면
일본인들은 서기 53년대(安閑天皇)에 백제에서 수많은 사냥개를
수입해 갔다. 이후부터 계속 일본에 수출된 한국의 개들은 그 품성
이 특출나게 우수해 고마이누(高麗犬) 또는 가라이누(唐犬, 韓犬)
라고 불렀으며, 신사(神寺) 앞에 돌상까지 세워 숭앙했다고 한다.

한국 토종개의 종류

앞으로 이 책에서 언급될 한국의 대표적 토종개인 진돗개와 삽살
개를 제외하고 우리나라엔 또 어떠한 토종개가 있었는지 살펴보자.

풍산개

함경북도 풍산 지방〔지금은 양강도(兩江道) 김형권군(金亨權郡)으로 명칭이 바뀜〕이 원산인 풍산개는 남한의 진돗개와 마찬가지로 천연기념물로 지정받아 보호되는 개로서 개마고원과 백두산 고원 지대에서 화전민이나 사냥꾼이 맹수 사냥용 수렵견으로 이용했던 개이다.

체구는 중형에 가까워 몸높이는 55 내지 60센티미터, 몸길이는 60 내지 65센티미터, 몸무게는 성견의 경우 20 내지 30킬로그램이라 한다. 털빛은 흰색으로 짧은 털이 빽빽이 나 있고 더러 잿빛 털이 섞여 있으며 턱 밑에 조그만 혹이 있는 것이 특징이다. 생김새는 머리가 크고 둥글며 귀는 직립해 있다. 성질이 용맹스럽고 몸놀림이 날쌔 맹수 사냥에 적합하다. 특히 짖는 소리가 우렁차고 사냥물을 발견하면 절대 놓치지 않는다. 북한을 다루는 텔레비전 프로그램에 풍산개가 덩치가 훨씬 큰 세퍼드와 맞붙어 싸워 이기고 야생 멧돼지를 추석, 공격하는 모습이 소개되기도 했다.

1942년 일제에 의해 천연기념물로 지정되었으나, 북한에서도 드물어 풍산군 광덕면 광덕리와 이곳에서 20리 떨어진 풍산개 종축장에서만 당국의 통제하에 길러지고 있다. 과거 함경북도 주을에서 살고 있었던 '야곱스키'라는 백인계 러시아인이 여러 마리의 풍산개로 호랑이와 곰 사냥에서 그 우수성을 확인한 바 있다고 전해지며 북한에서도 그 숫자가 많지 않다고 한다. 최근 북한군이 철책 부근에 잘 훈련된 풍산개를 군견으로 배치해 놓았다고 한다.

제주개

일반적으로 도서(島嶼) 지방에는 육지에 비해 고유의 토종개가 잘 보존돼 있다. 그 이유는 섬이라는 입지적 특수성으로 다른 견종과의 교잡이 덜하기 때문이다. 진도와 마찬가지로 제주도에도 제주

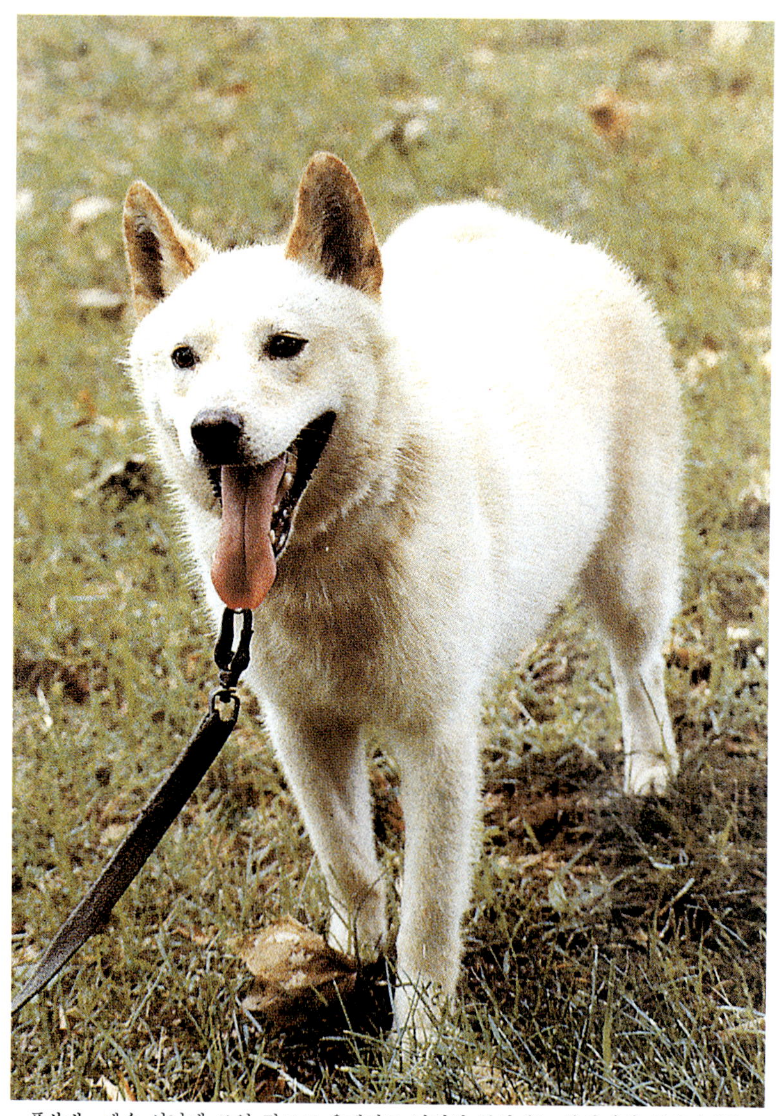

풍산개 맹수 사냥에 쓰일 정도로 용맹하고 날렵한 풍산개는 북한에서 천연기념물로 보호받고 있다.

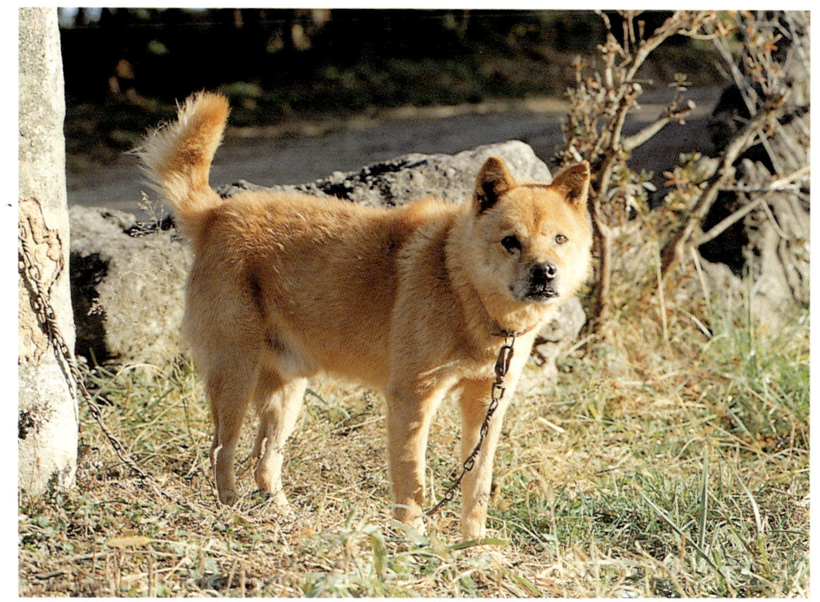

제주개 제주 축산개발사업소에서 보호, 사육하고 있는 제주개는 완전 멸종에서 간신히 벗어나 계통 번식을 통해 원형에 가까워지고자 노력중이다.

개라는 제주 고유의 토종개가 있다. 제주개는 그동안 구전으로만 전할 뿐 완전 멸종된 것으로 알려져 있었다. 1970년대 초 신문 지상을 통해 순종 제주개 한 마리가 발견되어 화제가 된 적은 있었으나 그 뒤 사람들의 기억 속에서 사라져 버린 듯했다.

1986년 제주 축산개발사업소에서 제주개를 발굴하기 위해 제주 전역을 조사해 제주시 삼양동에서 제주개 한 마리를 발굴했다. 제주 대학의 교수진과 마을 노인을 대상으로 옛날부터 전해 내려오는 제주개에 대한 이야기를 모으고 참고해 찾아 낸 것이다. 이어 몇 마리의 제주개를 더 모아 계통 번식을 통해 원형과 가장 가까운 제주개를 얻고자 노력하고 있다.

순수 제주 토종개의 특징은 다음과 같다.

이마가 넓고 튀어나왔으며 주둥이가 좁아 전체적으로 여우의 두상을 한 머리형에 다리는 가늘지만 가슴이 넓고 꼬리털은 길며 직상향으로 세우고 있다. 털빛은 주로 황색이 많으나 백색과 흑색도 나타난다. 성견의 경우 몸높이는 40 내지 45센티미터, 질병에 대한 저항력이 강하고 행동이 민첩, 영리해 사냥을 잘한다. 노루, 꿩, 오소리 사냥을 잘하며 특히 오소리의 경우는 굴까지 따라들어가 사냥을 한다.

제주개는 진돗개와 거의 흡사한 외모를 가지고 있어 일부에서는 진돗개의 아류 정도로 보는 시각도 있다. 따라서 토종 제주개에 대한 고증 자료를 좀더 확보, 면밀히 연구하여 현재 사육되고 있는 제주개의 혈통 고정 사업에 참고해야 할 필요성이 있다.

해남개, 거제개, 발바리

해남개는 일명 완도개라고도 하며 오랜 세월 해남 지역에서 가정 견이나 수렵견으로 길러졌으나 6·25 전쟁 등으로 멸종되었다고 본다. 해남개는 진돗개와 비슷한 체형이지만 귓바퀴가 진돗개보다 굵고 귀가 크며 두상은 약간 긴 것으로 전해지고 있지만 확인할 만한 근거 자료가 없다.

거제도에는 풍산개나 진돗개 못지않게 뛰어난 수렵 능력을 가진 거제개가 있었으나 그 뛰어난 수렵 능력으로 인해 육지로 수없이 반출되었고 그나마 남아 있던 개들도 일제 시대 때 멸종이 된 것으로 알려져 있다.

이 밖에도 티베트계의 스패니엘도 발바리라는 이름으로 우리나라 재상가(宰相家)들의 애완견으로 사육되었다. 이 개는 일본으로 건너가 저패니즈칭이 되었으나 우리나라에서는 멸종되었다.

토종개가 많이 사라진 까닭

　북한에서만 사육되고 있는 풍산개를 빼놓고 우리의 토종개는 진돗개와 삽살개만이 남아 있다. 그나마도 진돗개는 일제에 의해 천연기념물로 지정받아 보호받기 시작했고, 삽살개도 완전 멸종 위기에 처했다가 몇 사람의 헌신적인 노력으로 간신히 멸종 위기를 벗어나게 되었다.

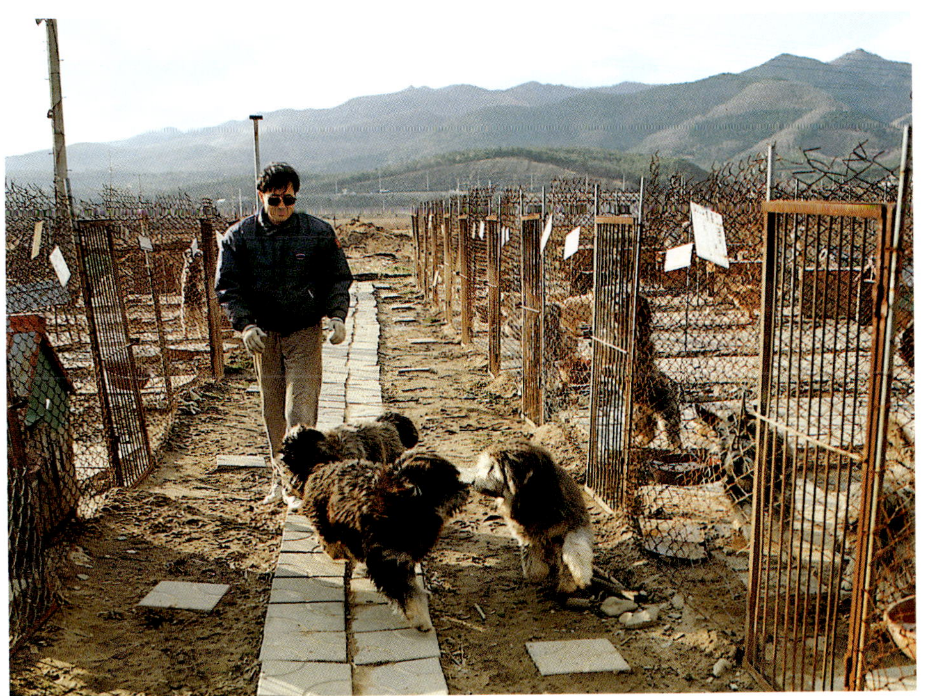

삽살개 사육 목장　삽살개는 뜻있는 몇 사람의 각고의 노력으로 멸종 위기를 넘기고 천연기념물로 지정받기에 이르렀다.

서구 유럽의 경우 외국의 개를 들여와 몇 십년 몇 백년에 걸쳐 과학적이고 체계적인 번식을 통해 새로운 종자로 탄생시켜 고유의 개로 만들어 내는 사례가 많다. 세계적으로 유명한 도베르만핀셔도 19세기 독일 튀빙겐에서 루이스 도베르만이란 사람이 일생을 바쳐 그 지방 토박이개를 중심으로 여러 외국개를 혼혈해 탄생시킨 것이고, 일본의 투견 도사견도 마찬가지다. 거기에 비하면 우리는 조상 대대로 길러져 내려오던 토종개들도 제대로 보존 못해 여러 종의 토종개를 멸종시켜 버리고 만 것이다. 그 이유는 어디에 있을까?

이상오 씨는 그 원인을 우리나라 사람이 전통적으로 개를 식용으로 삼았기 때문이라고 봤다. 대개의 개들은 생후 2년을 넘기지 못하고 식용으로 쓰였는데 개 나이 2년이라면 사람으로 치면 25세쯤에 해당돼 육체적으로 완성되었으나 지력(智力)이 확고하지 못하며 완전한 성능을 발휘하지도 못할 뿐더러 한 개의 종으로 고정될 시간적 여유도 없었다는 것이다.

이와 함께 일제 시대에는 대동아 전쟁에 따라 피혁 및 모피의 자원이 부족하자 일본인들이 '조선 원피 판매 주식회사'를 설립하고 도견부(屠犬部)를 설치하여 등록된 진돗개와 집 안에 묶여 있는 개 이외에는 모조리 때려잡았다. 그래서 1년에 적게는 10만 마리, 많을 때는 50만 마리씩 떼죽음을 당해 이때 우리 고유의 개들이 급속히 줄어들게 됐다. 또한 해방이 되고 난 뒤에는 서양 문물에 대한 선호 의식으로 외국개 피가 섞인 개를 키우는 것이 유행이 되어 고유의 한국개들은 몇 종을 제외하고는 이 땅에서는 완전히 사라져 버렸거나 극심한 혼혈로 순수한 모습을 잃어버리게 되었다.

옛그림으로 살펴보는 한국개

우리의 오래 된 미술품 가운데에는 개가 등장하는 것들이 있다. 가장 오래 된 것으로 울주(蔚州)에서 발견된 선사 시대의 암각화 (岩刻畵)에 여러 짐승들과 함께 개가 등장한다. 고래, 물고기, 사슴, 호랑이, 곰, 개, 늑대 등의 동물이 선각(線刻)으로 새겨져 있는데 간단한 선으로 새긴 그림이지만 동물의 모습이 선명히 잘 표현된 것들이다.

삼국시대에 와서는 고구려 고분벽화 가운데 안악 3호분에 등장하는 개를 볼 수 있다. 그러나 백제나 신라에서도 견도(犬圖)가 있었으리라 추측은 되지만 현존하는 것들은 찾아보기 힘들다. 단지 토우 (土偶)나 돌에 각인된 12지상(十二支像) 가운데의 개가 현존하는 유일한 유물들이다. 고려시대의 회화 자료 가운데에서 견도를 대할 수 있다고는 하나 국내에 현존하는 고려시대 그림 자체가 희귀하므로 우리 옛 개의 원형을 추정하는 데 활용해 볼 만큼 충분하지가 못하다.

그러나 조선시대로 들어오면 상황이 일변하여, 우리는 참으로 다양한 견도의 세계를 접하게 된다. 조선 전기에 활동했던 이암

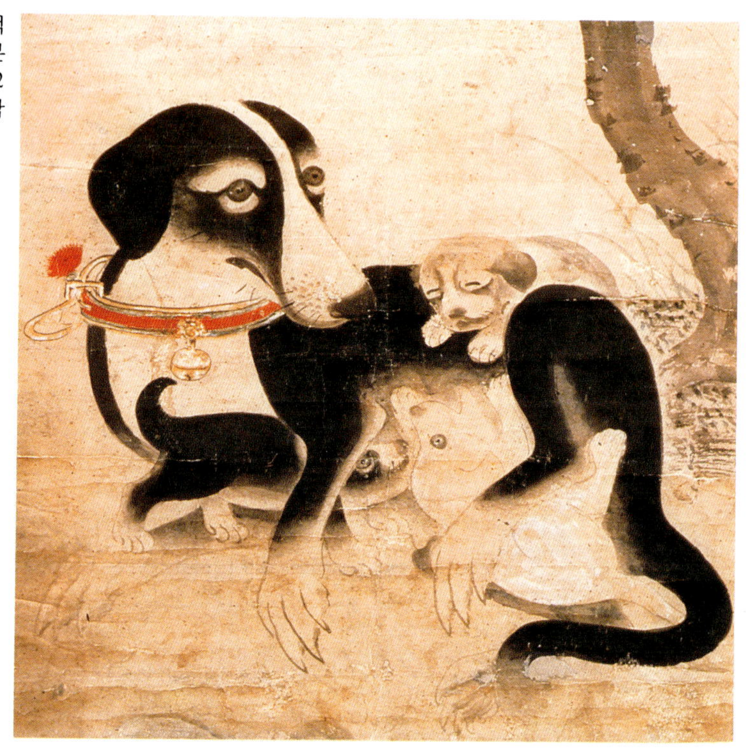

(李巖)의 화조(花鳥) 영모(翎毛)의 세계가 구한말에 활동했던 오원(吾園) 장승업(張承業)과 심전(心田) 안중식(安中植)에 이르기까지 400년에 걸쳐 이어지면서 수많은 우리 토종개들의 순박한 모습을 묘사해 놓고 있다.

후기 영·정조 시대에 신윤복(申潤福), 김홍도(金弘道)에 의해 크게 발전하게 된 풍속화(風俗畫)의 새로운 장르는 그들이 평소 보아 오던 개들을 주로 무대 배경의 일부로 등장시키는데 우리는 여기서 조선 후기에 흔하던 우리 토종개들의 원형(原形)을 엿볼 수 있게 되는 것이다.

이와 함께 신흥 중산층의 대두와 때를 같이하여 조선 후기에 크게 발흥한 민화(民畵)의 세계에서도 많은 견도들을 발견하게 되는데 주로 벽사용(辟邪用)으로 쓰인 문배도(門排圖)나 평생도, 호렵도(虎獵圖), 신선도 등에 개가 많이 등장한다. 이들 민화는 이름없는 민중 화가들에 의해 그려진 양식화(樣式化)된 그림들로서 조선 후기 우리 토종개들의 형태를 파악하는 데 중요한 단초(端礎)를 제공해 줄 것이다.

민화나 풍속화의 범주에는 속하지 않지만 무시하고 넘어갈 수 없는 유명한 견도가 몇 장 있는데 이들은 직업 화가인 화원(畵員)들에 의해 그려진 원화풍(院畵風)의 그림들이다. 이들 원화풍의 견도 역시 소중한 자료들로서 우리 옛 개들의 형태를 파악해 내는 데 쓰일 것이므로 이들을 영모도의 범주에 포함시켜 개괄해 보고자 한다. 그러나 여기서 중국을 통해 서양 화풍이 도입된 이후 등장하기 시작한 견도들은 그림 자체도 서양 화풍의 영향을 받았을 뿐만 아니라 개 자체도 서양개들을 흉내 낸 것들이 많을 것으로 여거지는 바 우리 개의 원형을 찾는 작업에서는 과감히 도외시하였다.

영모화(翎毛畵)

영모화는 초상화(肖像畵)와 마찬가지로 뛰어난 표현력이 요구되는 그림이며 주위에 상존하던 동물들을 대상으로 우리 정서에 맞는 그림으로 조선 초기부터 꾸준히 그려져 왔다.

영모(翎毛)가 새 깃과 짐승 털이라는 해석에 따라 새나 네 발 동물을 그린 그림을 영모화라 하는데 동물로는 말, 소, 호랑이, 개 그림 등이 주류를 이룬다.

말의 경우 실용성에 의해 가장 중시되던 동물인 관계로 옛그림

속에 때때로 등장한다. 소의 경우도 마찬가지로 농사를 천하지대본으로 여겨 왔던 유교 문화권의 동양 사람들에게 있어서는 각별한 동물이었다. 살아서 노동력을 사람들에게 제공해 줄 뿐만 아니라 중요한 운송 수단으로 이용되기도 했기 때문이다. 그러나 이러한 효용성말고도 옛 지식인들에게 있어서는 소의 성품이나 속성에 대한 상징성 역시 큰 관심거리였었다. 푸른 소를 타고 떠나는 노자를 그린 청우출관도(靑牛出關圖)는 이같은 상징성을 대표하는 그림이랄 수 있겠다.

호랑이는 우리 민족 정서에 너무도 깊이 연루된 까닭에 방대한 양의 호랑이 그림이 전해져 내려오고 있다. 장르도 다양하여 전 김홍도의 맹호도(孟虎圖) 같은 원화풍의 그림, 민화의 유명한 까치 호랑이 그림(虎鵲圖), 문배도, 신선도…… 화가들이 가장 즐겨 그리던 동물은 역시 동물의 왕인 호랑이였던 것이다.

개는 어떠한가, 주위에서 일상적으로 볼 수 있던 우리의 개는 그림으로 남아 있는 경우가 호랑이만큼은 되지 않지만 그래도 다양한 장르에서 그려져 온 소재 가운데 하나이다. 호랑이와 다르다면 대부분의 화가들이 평생 한번 보지도 못한 호랑이를 상상력에만 의지해서 그렸던 데 비해 주위에 얼마든지 있던 개의 경우는 사실적인 묘사가 가능했다는 것이다. 그래서 화폭에 오른 개들은 화가들이 평소 보던 개였음을 의심할 필요가 없다는 점을 분명히 할 필요가 있을 것 같다.

우리는 여기서 조선 500년을 통해 여기저기서 활동한 화가들의 눈을 통해, 그들이 그린 개 그림들을 살펴봄으로써 우리 옛 개들의 원형을 파악할 수 있는 기회를 가질 수 있다고 믿는 것이다.

개를 많이 그린 화가 가운데 첫번째로 꼽을 수 있는 분은 조선 초기에 활동한 두성령(杜城令) 이암(李巖)이다. 왕족 출신인 이암은 중국 송나라 때 모익(毛益)의 화풍을 배웠다고 하나 한국적 취향이

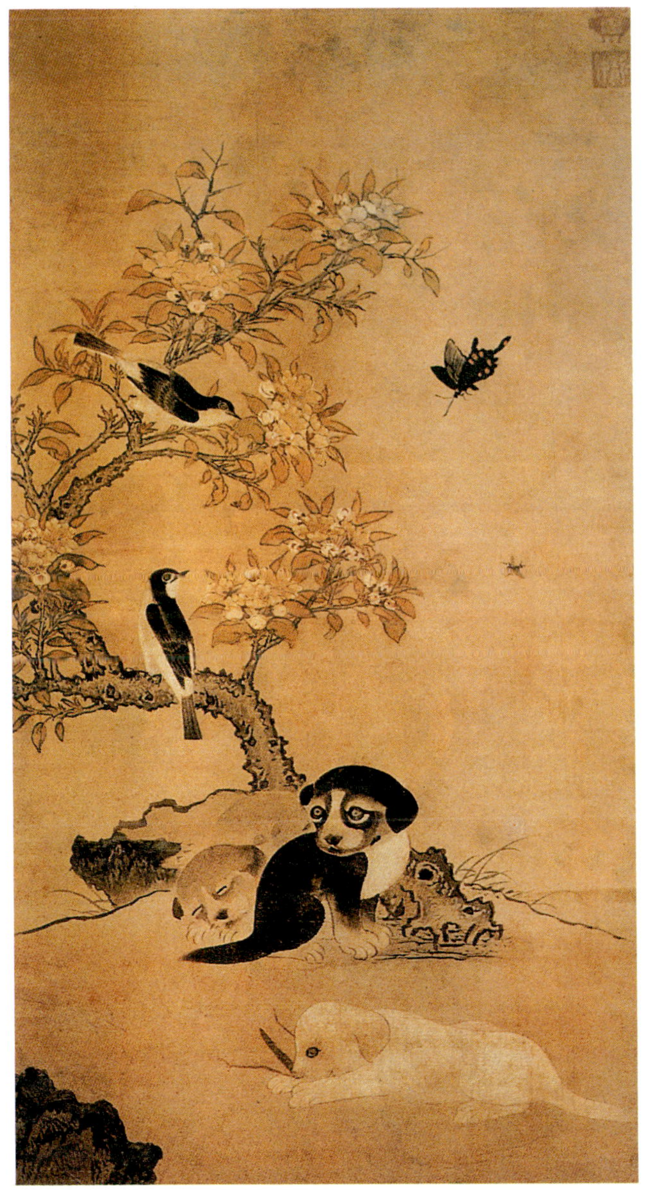

그림 2. 이암의 꽃과 새 그리고 강아지 그림. 지본 채색, 86×44.9㎝, 국립중앙박물관 소장.

그림 3. 이경윤의 나무 아래
서 뒤통수 긁는 개 그림.
견본 담채, 15.5×17.7
㎝, 간송미술관 소장.(오
른쪽)
그림 4. 어유봉의 앉은 개 그
림. 지본 담채, 63.5×
37㎝.(아래)

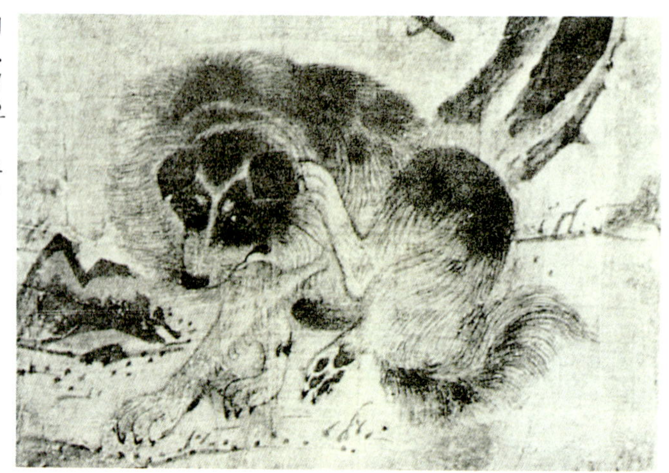

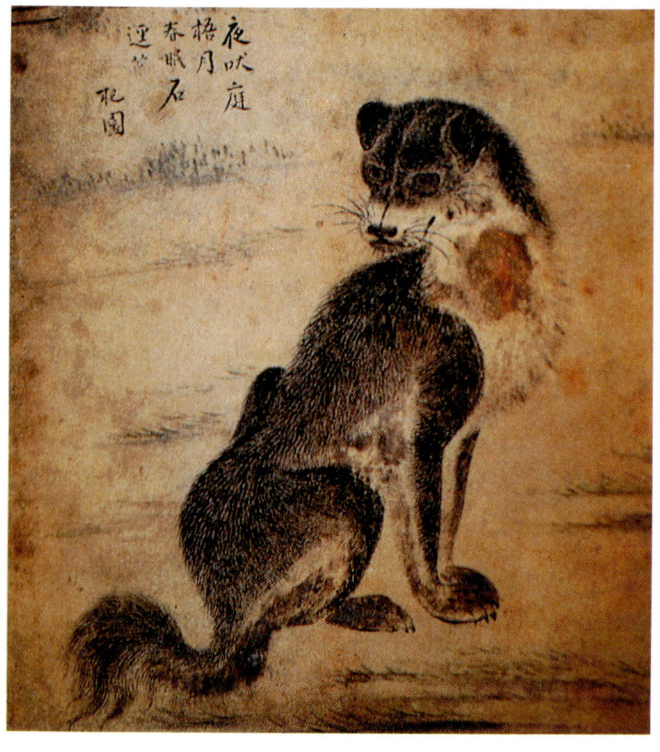

뚜렷한 그의 영모화들은 중국의 그림들과는 현저하게 다르다. 여덟 폭의 개 그림이 현존하는데 한국, 일본, 미국, 북한 등지에 흩어져 있다. 나무 아래서 강아지들에게 젖을 빨리고 있는 그림(그림 1)이 이암의 대표작인 모견도(母犬圖)인데, 어미의 등 위에서 천진스럽게 자고 있는 강아지와 맹렬히 젖을 빨고 있는 강아지들이 마주보며 대비가 되게 그렸다. 어미의 순한 표정, 눈이 동글동글한 강아지들의 귀여운 모습은 개를 사랑하는 이가 아니면 그리기 어려운 장면을 포착해 놓았다. 강아지 세 마리의 털 색깔은 흰색, 황색, 검정색으로 모두가 다르게 그려져 있다. 검정색 한 마리만 어미를 닮았는데 어미의 검정색 분포 또한 특이하여 셰퍼드의 블랙탄 분포와는 다르게 주둥이의 흰선이 머리 위로 올라가 있다.

　모견도에서 특히 눈에 띄는 것은 어미목의 목걸이인데 금속제 방울, 쇠걸개, 붉은술 등이 있는 요즘 생산된 어떠한 개 목걸이도 따를 수 없을 만큼 사치스러운 물건이다. 아마도 궁중이나 큰 세도가 집의 개임에 틀림없으리라고 믿어진다.

　화조구자도(花鳥狗子圖)(그림 2)라는 그림은 새, 꽃, 강아지 그림이라는 뜻인데 봄의 풍경을 읊은 한 편의 시와 같다. 굽어진 꽃가지에는 한 쌍의 새들이 상하에 앉아 있고, 꽃향기에 이끌려 나비와 벌이 날아들고 있다.

　이 꽃나무 밑에 누렁이는 낮잠을 자고, 검둥이는 봄의 정경을 바라보고 있으며, 흰둥이는 잡은 곤충을 물고 장난질치고 있다. 구성이 잘 조화되어 있고 꽃나무 주변에 봄의 향기가 그윽한 게 화폭 전체를 통해 궁중화파(宮中畫派)가 지닌 낭만주의적(浪漫主義的) 성향이 뚜렷이 드러나는 작품이다.

　학림정 이경윤의 화하소구도(花下搔狗圖)(그림 3)에는 꽃나무 아래서 뒤통수를 긁고 있는 개가 그려져 있다. 이암의 환상적 작품과는 달리 사실적 화풍이 잘 드러나는 그림이다. 발톱과 털에 이르기까지 세밀히 그린 그림으로 가려운 곳을 긁는 개의 시원한 표정까지 정확히 표출해 내고 있다. 다리가 긴 것이 체격은 큰 개 같은데, 털 색깔은 바둑이처럼 얼룩덜룩한 것이 눈에 띈다. 그림 1의 어미개와 마찬가지로 요즘 거의 볼 수 없는 우리 개의 모습인 것 같다.

18세기 초에 활동한 기원(杞園) 어유봉(魚有鳳)의 작품으로 추정되는 두 폭의 개 그림이 있다.(그림 4, 5)

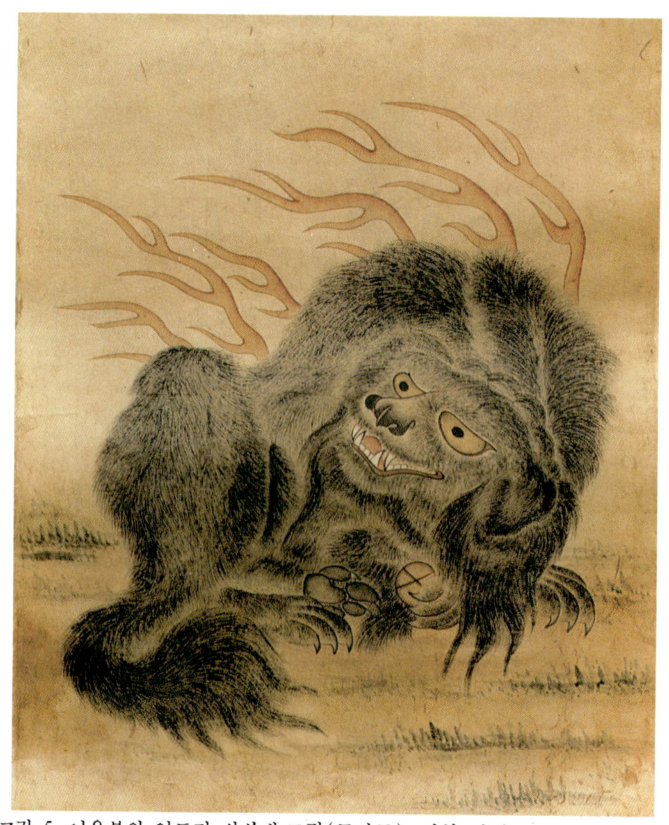

그림 5. 어유봉의 엎드린 삽살개 그림(모사도). 지본 담채, 63.5×37㎝.

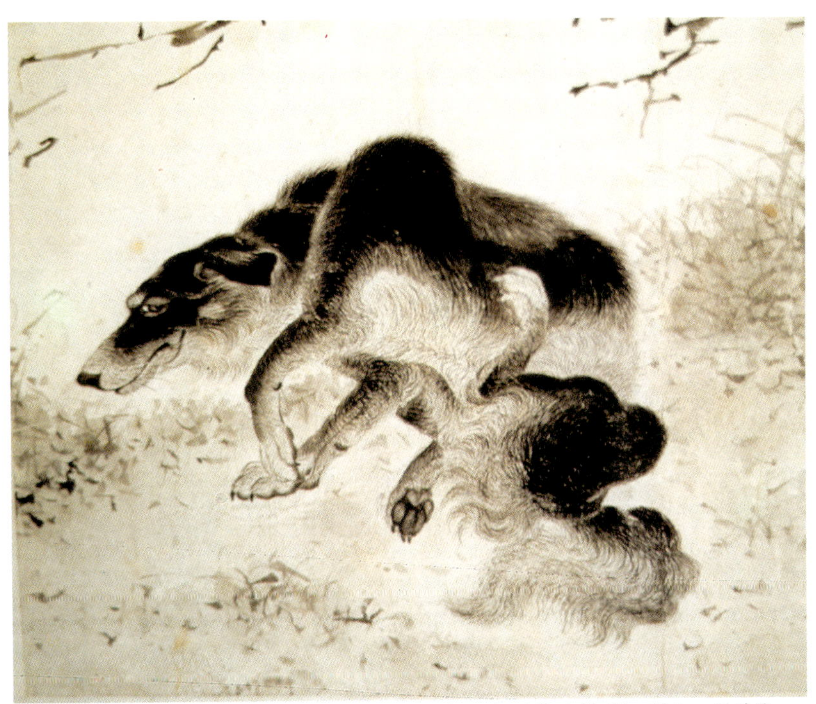

그림 6. 김두량의 뒷다리로 옆구리를 긁는 검둥개 그림. 지본 수묵, 23×26.3cm, 국립중앙박물관 소장.

그림 4는 최근까지 시골에서 흔히 볼 수 있었던 토종개를 그린 그림이며, 그림 5는 털이 긴 신령스런 삽살개를 그려 놓은 것이다. 앞에 묘사된 우리 토종개는 눈이 좀 크게 그려졌으며 눈동자에 힘이 있어 사나워 보이는 것만 제외하고는 처진 귀에 두상과 액단의 길이가 영락없는 시골 황구의 모습이다. 그러나 그림 5의 웅크린 삽살개의 얼굴 모습은 액막이용 문배도에서 흔히 볼 수 있는 것처럼 의인화시킨 형상이다. 온몸이 긴 털에 덮여 있고 그 뒤로 신령스러움의 표시인 불꽃 모양의 광배(光背)가 연하게 드러나 있다.

개를 소재로 한 그림을 비교적 많이 남긴 김두량(金斗樑)은 조선 후기에 활동하였던 화가이다. 흑구도(黑狗圖)(그림 6)는 그의 대표작으로 화의나 기법으로 보아 주목을 끌 만한 작품이다. 비록 소품이긴 하지만 가려운 데를 긁는 개의 표정과 발 동작 등이 매우 익살스럽고도 사실적으로 묘사되어 있다. 주둥이가 길고 귀가 처진 바짝 마른 개는 체격도 비교적 큰 것처럼 느껴진다. 흑색과 흰색(또는 연황색)의 분포는 세퍼드나 청삽살개의 경우처럼 아래쪽만 밝은 색이고 코 위로는 검은색으로 되어 있는 것이 눈에 띈다.

정조와 순조 연간에 활약한 단원(檀園) 김홍도(金弘道)의 해상군선도(海上群仙圖)(그림 7)에는 털이 긴 개가 한 마리 보인다.

검은 색조와 처진 귀 등이 전형적인 청삽살개를 닮았는데, 전체적으로 활달하며 율동적인 그림에 중요한 요소로서 등장하고 있다. 김홍도는 풍속화의 새로운 경지를 개척한 화가로 알려져 있는데 그가 그린 풍속도에는 개가 등장하는 것들이 대단히 많다. 그러나 그가 화폭에서 살려 낸 많은 개 가운데에서 특이한 개가 한 마리 있는데(그림 8) 화재(畵材)로는 노예도(老猊圖)라고 적혀 있다. 늙은 사자를 그렸다고 스스로 생각하며 제목을 붙였으나 사자를 보지 못한 김홍도가 그려 놓은 그림은 의인화된 삽살개임이 분명하다.

김홍도와 더불어 풍속화의 독특한 경지를 개척한 혜원(蕙園) 신윤복(申潤福)은 주로 기생이나 무속 놀이하는 장면들을 잘 그렸다. 유려한 선과 생동적인 색채로 얽어 낸 인물들은 한결같이 조선 사람의 골격과 표정으로 살아나는데, 그의 작품 가운데 영모는 드물다. 앉아 있는 개 그림(그림 9)은 섬세한 필치로 주둥이가 뾰족하고 다리가 약해 보이는 개를 묘사하고 있다. 얼굴에 대칭적인 흑반(黑斑)과 등에 흑반이 있는, 세계 견종도감에도 비슷한 모양의 개가 없는 묘한 개를 그려 놓았다. 혜원의 풍속화에 등장하는 개들도

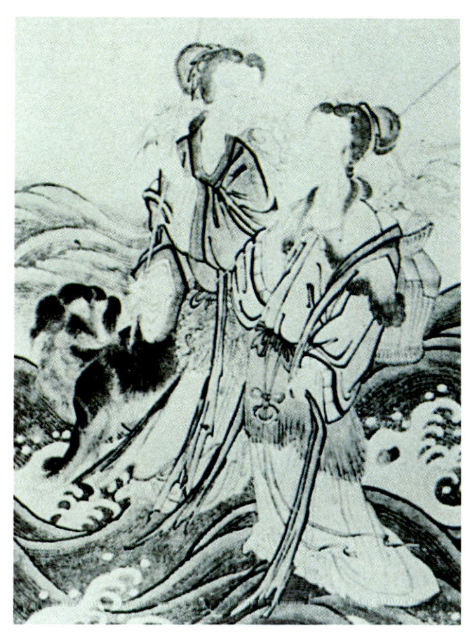

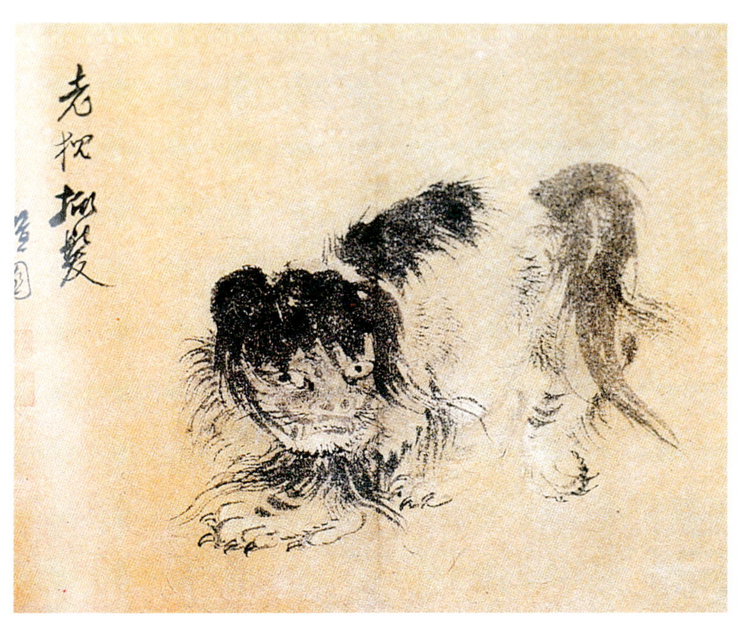

그림 7. 김홍도의 파도 위의 신
선 그림(왼쪽)
그림 8. 김홍도의 늙은 사자 그
림. 지본 수묵.(아래)

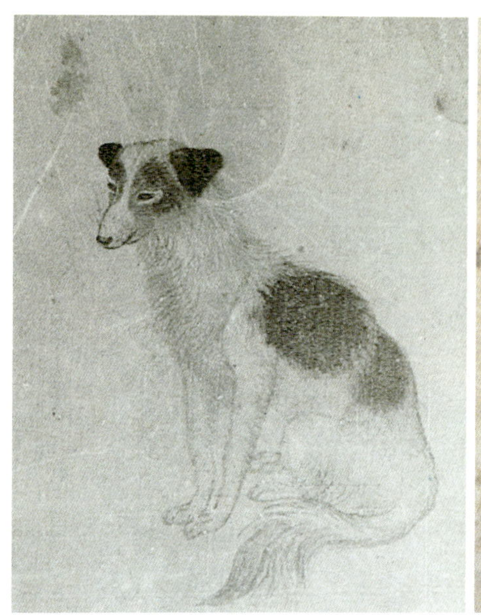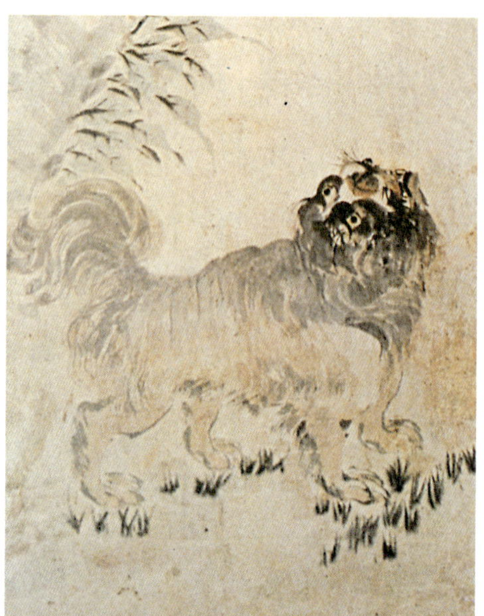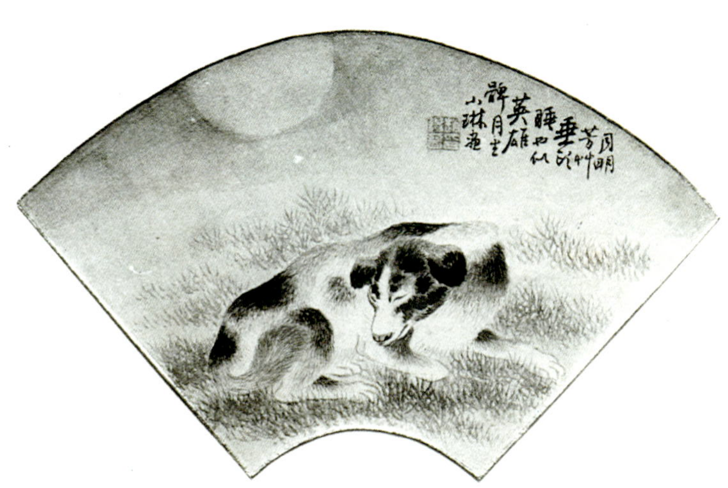

그림 9. 신윤복의 앉은 개 그림. 지본 수묵, 16×25.3㎝, 간송미술관 소장. (맨 위 왼쪽)
그림 10. 장승업의 오동나무 아래서 하늘 보고 짖는 삽살개 그림. 지본 담채. (맨 위 오른쪽)
그림 12. 조석진의 달밤에 웅크리고 있는 개 그림. 견본 담채, 26×14.5㎝, 간송미술관
  소장. (위)

역시 자그마하고 연약해 보이는 개들이 많다.

장승업은 조선조 말을 장식한 거장 가운데 한 사람이다. 기량이 풍부하고 호방, 활달한 화풍의 소유자인 오원은 산수, 인물, 영모, 기명(器皿), 절지(折枝), 사군자(四君子) 등 폭넓은 영역의 좋은 그림들을 남기고 있다. 여러 장의 견도를 그렸는데, 오동나무 아래서 하늘 보고 짖는 삽살개 그림(그림 10)과 역시 오동나무 아래 앉아 있는 털 긴 개 그림(그림 11)은 힘찬 필치로 생동감 있는 묘사를 하고 있다.

하늘 보고 짖는 삽살개는 전형적인 털 긴 삽살개인데 얼굴 모양은 단원의 노예도와 비슷한 느낌이 든다. 돼지코에 비교적 뭉툭한 주둥이, 드러난 이빨이 도깨비 얼굴 같기도 하고, 민화의 당사자(唐獅子) 또는 해태(獬駝) 그림과 맥이 통한다고도 할 수 있겠다. 앉아 있는 개 그림은 청구도(靑狗圖)라고 하는데 얼굴은 분명 한국적인 정취가 풍기는 개지만 꼬리가 옆으로 너무 길게 삐져 나와서 개 같은 느낌이 들지 않을 정두이다. 털이 많은 꼬리를 강조하려고 그렇게 표현한 것인지도 모르겠다.

오원과 비슷한 시대에 활동한 화가인 조석진(趙錫晋)의 부채 그림을 살펴보자(그림 12). 달 아래 자고 있는 개 모습을 그렸는데 골격 구조나 근육 묘사에 신경을 별로 쓰지 않은 그림이긴 하나 서정적인 달밤 묘사가 한가로움을 느끼게 한다. 마치 얼룩송아지 같은 느낌을 주기도 하는 요즘에는 좀 보기 드문 우리 개이다.

심전 안중식은 조석진과 동시대를 산 화가인데 몇 장의 개 그림을 남기고 있다. 그림 13은 삽살개의 부분 확대도인데 의인화(擬人化), 신격화(神格化)된 삽살개 얼굴이 잘 묘사되어 있다. 축 처진 귀에 부릅뜬 눈, 긴 이빨, 치켜든 꼬리는 분명 귀신 쫓는 삽살개의 강한 모습을 극적으로 묘사해 내고 있는 것이다.

마지막으로 작가는 알 수 없으나 국립중앙박물관 소장품인 무시

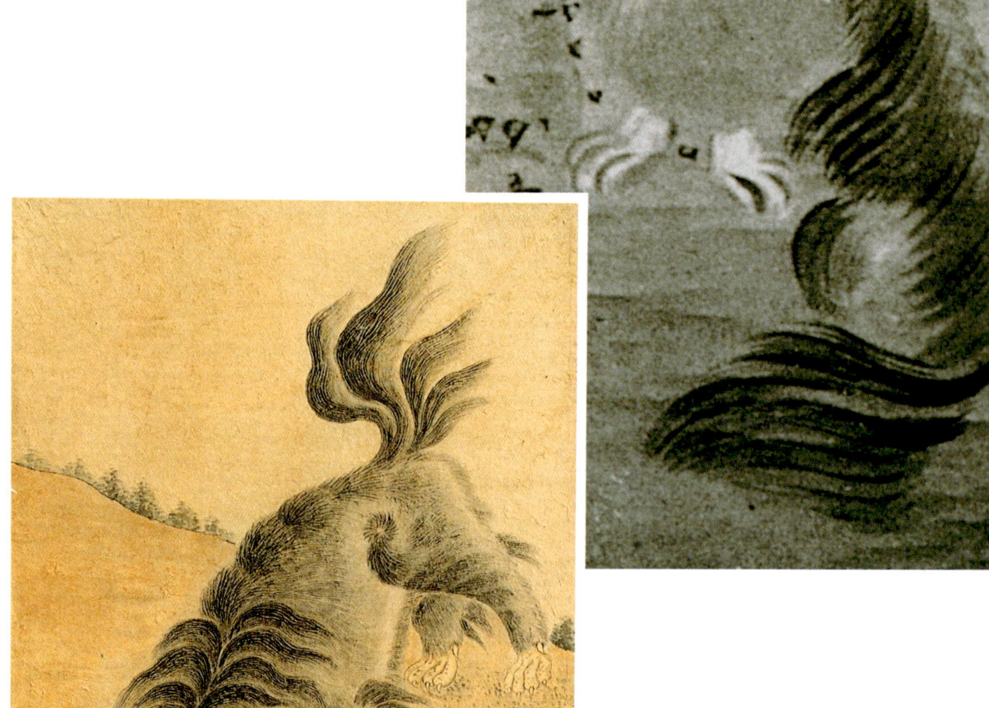

그림 13. 웅크린 삽살개 그림.
지본 담채, 47×63㎝.

할 수 없는 3장의 유명한 견도를 소개하고자 한다.

그림 14는 한때 김홍도 작품으로 알려져 교과서에 실리기도 했던 맹견도(猛犬圖)이다. 굵은 쇠줄에 묶여 엎드려 있는 험상궂은 얼굴의 이 개는 마스티프나 도사 같은 싸움개 냄새를 풍기는 외국 품종인 것 같다. 미술사가들의 설명에 의하면 국적, 작품 연대, 작가는 알 수 없으나 서양 화풍이 많이 도입된 작품이며, 어쩌면 중국에서 수입해 온 그림일 수도 있다고 한다.

맹견도말고는 마스티프 같은 개를 묘사한 그림이 한 장도 발견되지 않은 것을 볼 때 역시 이러한 개는 우리 개가 아닐 것이라는 확신이 든다.

두번째의 그림은 그림 15인데 왕가의 소장품이었던 것이 덕수궁박물관을 거쳐 국립중앙박물관에서 보관하게 되었다. 이 그림은 삽살개를 정면에서 가장 사실적으로 그려 낸 작품으로 생각된다. 머리 중앙에 가리마선이 있고 축 늘어진 귀에 주둥이와 코 주위의 털이 세필로 정확히 묘사되어 있다.

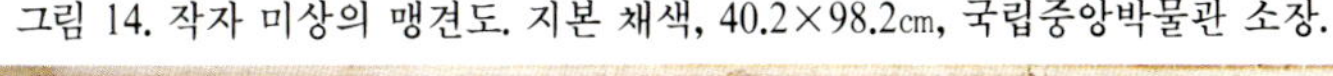

그림 14. 작자 미상의 맹견도. 지본 채색, 40.2×98.2cm, 국립중앙박물관 소장.

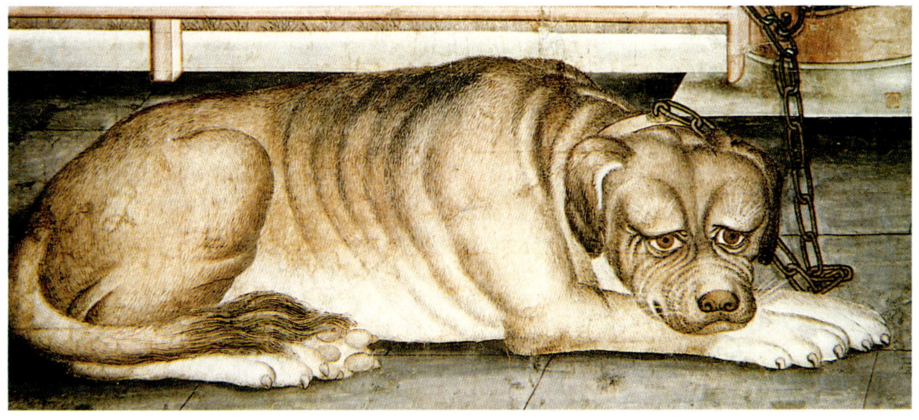

그림 15. 작자 미상의 삽살개
    그림. 지본 담채, 34×29㎝,
    국립중앙박물관 소장.(오른
    쪽)
그림 16. 작자 미상의 긁는 개 그
    림. 국립중앙박물관 소장.(아
    래)

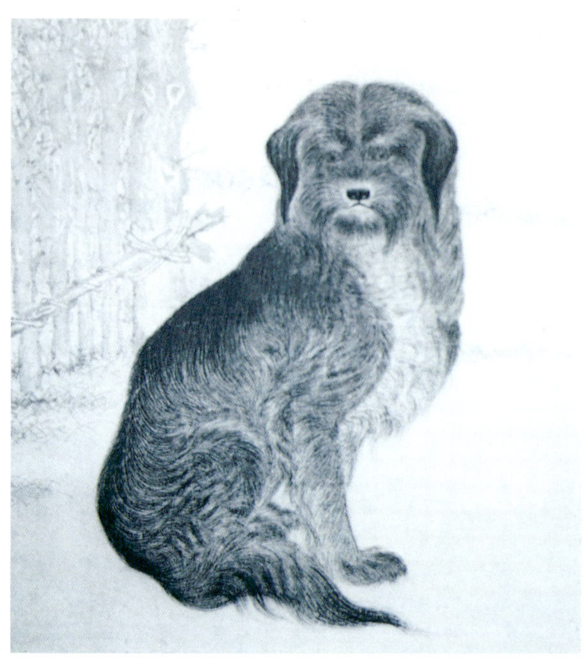

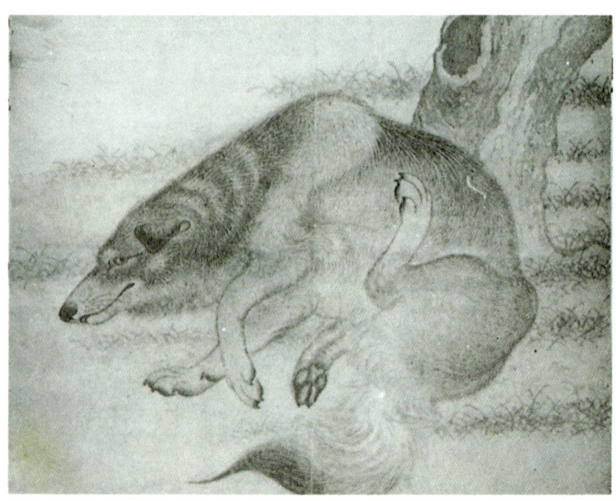

　세번째 그림은 김두량의 흑구도를 모방한 듯한 개 그림(그림 16)으로 자세나 꼬리 모양도 거의 흡사할 뿐만 아니라 익살스러운 표정까지 그대로 묘사해 내고 있다. 세필(細筆)로 부드러운 털의 모습을 꼼꼼히 잘 그려 낸 정밀한 사실 기법의 이 작품은 그 자체로 솜씨있는 견도라 하겠다.

민화(民畫)

　조선시대 여류 시인 김삼의당(金三宜堂)은 그의 집 모든 벽에 그림이 가득 차 있다고 했는데, 여러 기록들을 종합해 보면 집안의 벽뿐만 아니라 대문간, 광, 부엌문, 벽장문에 이르기까지 그림을 붙였다는 것을 알 수 있다. 붙이는 그림뿐만 아니라 8폭, 10폭, 12폭 그림으로 된 병풍이 흔해서 지금까지 전해 오는 옛 병풍만 해도 수천 폭에 이른다.

　이같은 그림 수요를 충당한 것은 어떤 그림들이었을까? 그것은 대부분이 속될 수밖에 없는 실용화(實用畫) 곧 감상보다는 장식을 위주로 한 일상 생활에 필요한 실용적인 그림이었다. 이러한 그림들을 우리는 통틀어 민화라고 하는데 화조도, 연화도(蓮花圖), 십장생(十長生) 같은 장식화(裝飾畫), 관습에 따라 귀신 쫓고 복을 빌기 위해 사용하던 문배도, 세시풍속(歲時風俗)에 따라 필요로 하던 세화(歲畫) 등 그 종류만도 수없이 많다. 그러나 이렇듯 다양한 민화의 세계이지만 오랜 전통을 통해 전해져 내려오면서 일정한 틀을 갖게 되었다.

　민화 가운데에서 반드시 개가 등장하는 그림으로는 닭, 개, 사자, 호랑이 그림으로 이루어진 문배도와 사냥하는 몽고인들이 그려져 있는 호렵도 등이다.

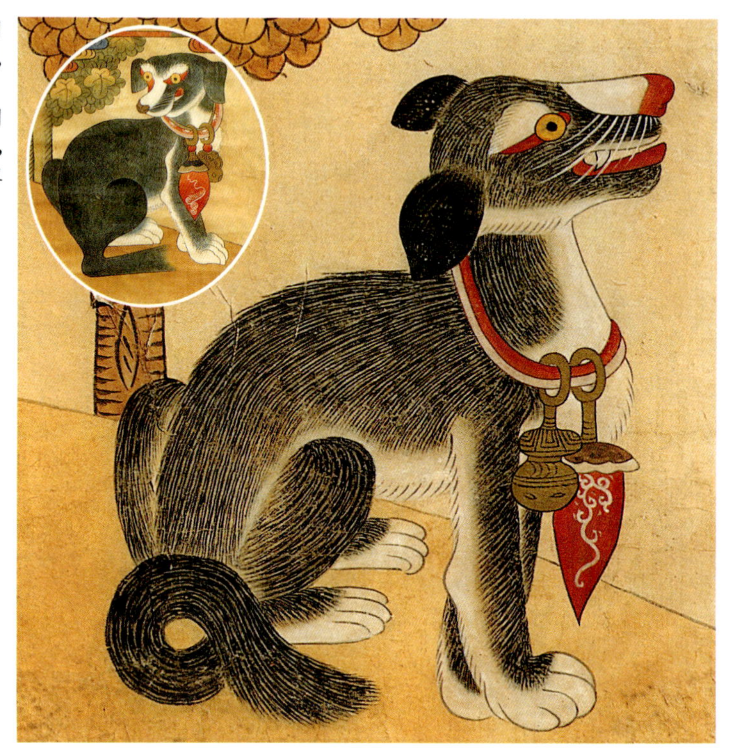

　문배도의 경우 개로 알려져 온 그림들은 일정한 양식에 의해 그려
져 왔음에 틀림없는데 그림 17과 그림 19는 광문과 벽장문에 붙이
던 개 그림이다. 모두가 오동나무 아래 앉아 있는 흑청색의 개를
그렸는데 몸체 아랫부분은 흰색으로 되어 있다. 큰 귀는 누웠고
꼬리에 털은 많으며 금방울과 붉은 술이 달린 좋은 목걸이를 하고
있다.

　그림 18과 20은 지금까지 사자 대신 그려진 해태로 알려져 온
그림들인데 청삽살개를 모델로 그렸을 가능성이 큰 것으로 믿어진
다. 그림 17과 18은 쌍으로 그려진 그림인데 목걸이가 꼭같다. 해태

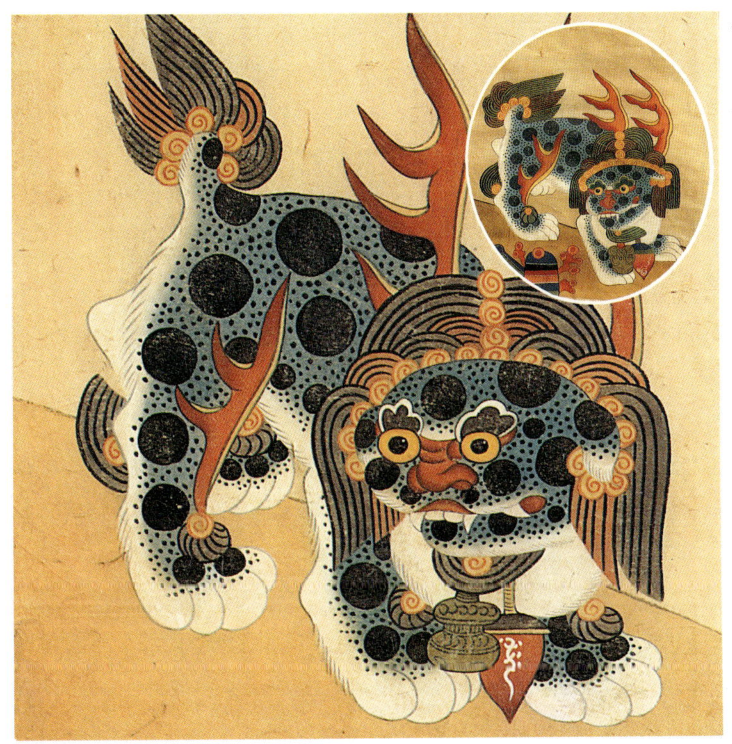

그림 18. 민화 문배
　도. 지본 채색,
　39×51㎝.
그림 20. 민화 문배
　도. 지본 채색,
　36×38㎝. (동그
　라미 안)

는 바다에 사는 영수(靈獸)로서 목걸이가 없는 가상의 동물이다.
따라서 그림 18의 동물은 집에서 기르는 가축으로 볼 수 있는데
몸통의 색조 역시 아랫부분은 흰색이고 윗부분은 청색으로 전형적
인 청삽살개의 색조와 일치할 뿐만 아니라 안중식의 삽살개 그림인
그림 13과 자세나 표정, 털 모습이 너무도 흡사하게 그려져 있다.
검고 둥글게 칠해진 몸통 부분은 청삽살개의 털이 굽실굽실한 개체
가 많은데 그것까지도 잘 일치할 뿐만 아니라 긴 이빨, 머리 주위와
꼬리에 특히 많은 긴 털은 수사자를 의식해서 강조된 것이 아닌가
추측된다.

실제 중국을 비롯하여 아시아권의 불교를 받아들인 대부분의 나라들에서는 동물로서 사자를 영수로 취급해 왔으며 티베트, 중국, 일본 등지에서 털 긴 개들을 사자개 또는 작은 사자라는 애칭으로 귀하게 여겨 온 전통이 있음은 대단히 흥미롭다.

경복궁 앞의 석수(石獸)는 해태로 알려져 있다. 언제부터 해태가 우리 선조들의 의식 세계에 자리를 잡게 되었으며 그 뿌리를 어디에 두고 있는지 정확히 알 수 없으나 분명한 것은 중국에는 해태라는 가상의 동물이 없다는 것이다. 중국에서 우리의 해태와 비교적 가까운 동물은 일각수(一角獸)이며 양을 모델로 한 가상의 동물인 해치(獬豸)가 있을 뿐이다.

티베트의 귀신 쫓는 개, 중국의 당견(唐犬), 당사자, 일본의 고마이누〔拍犬〕, 경복궁 앞의 해태, 다보탑의 석사자(石獅子) 그리고 삽살개와의 관계는 앞으로 규명해 보아야 할 흥미로운 소재임에 틀림없다.

그림 18과 20은 짝을 이루는 그림으로 그림 20이 좀더 도형화된 그림이다. 이 그림 역시 그림 18에서 발견되는 삽살개로서의 모든 특징을 지니고 있다.

그림 21과 그림 22는 민화로 그려진 화조 영모도 2폭이다. 그림 21에는 황구와 흑구 두 마리가 시퍼런 바위 위에 나란히 앉아 있으며 그 곁에 한 쌍의 봉황(鳳凰)이 있는데 한 마리는 바위 위에서 날개를 활짝 편 채 앉아 있는 모습이 몹시 환상적으로 묘사되어 있다. 그러나 두 마리 개는 흔히 볼 수 있는 황구와 흑구로서 모두 발목이 희게 칠해져 있는 보통개 같다.

그러나 그림 22는 영지(靈芝)와 천도(天桃) 복숭아가 있는 환상적 세계를 배경으로 뛰노는 청과 황으로 구분되는 영수들을 그리고 있다. 문배도의 삽살개 그림과 흡사한 광배가 있는 한 가족 영수들인데 고려 무장 유천매의 한시 속에 나오는 삽살개 떼를 연상시킨다.

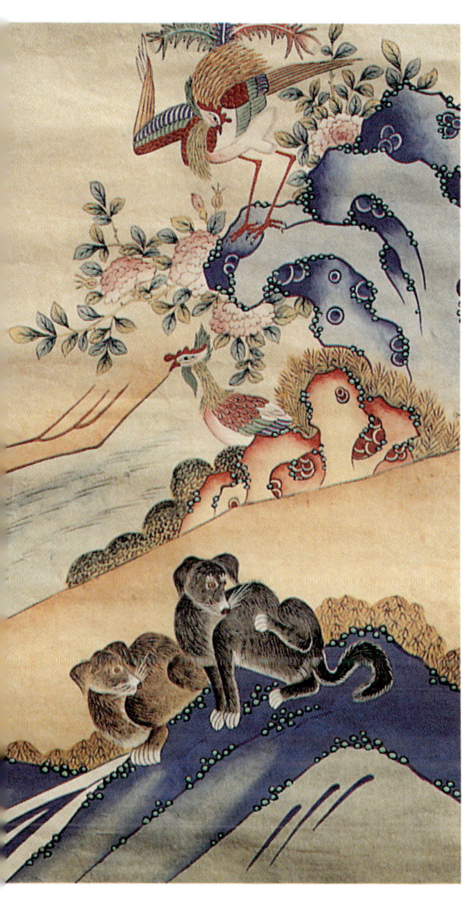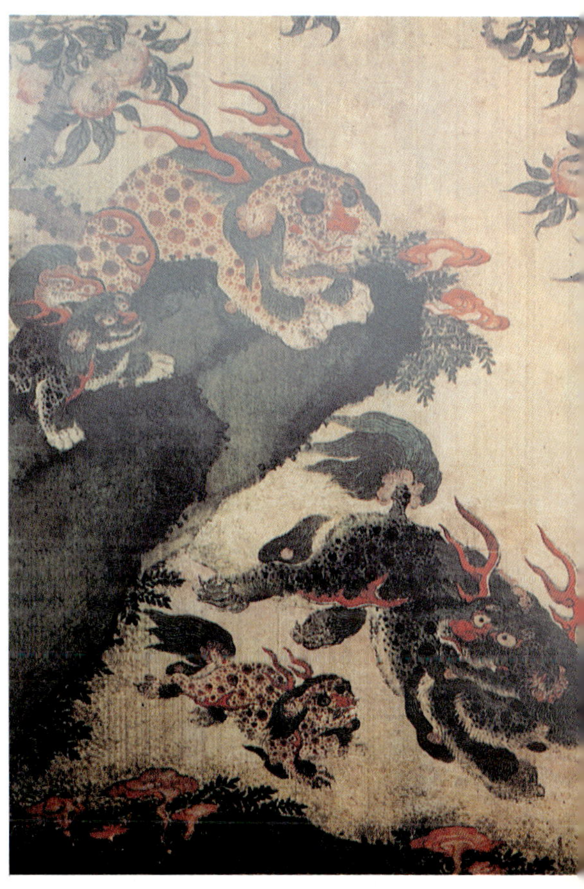

그림 21. 민화 화조 영모도 가운데 개와 봉황. 지본 채색, 53×108cm. (왼쪽)
그림 22. 민화 천도복숭아와 삽살개 떼(오른쪽)

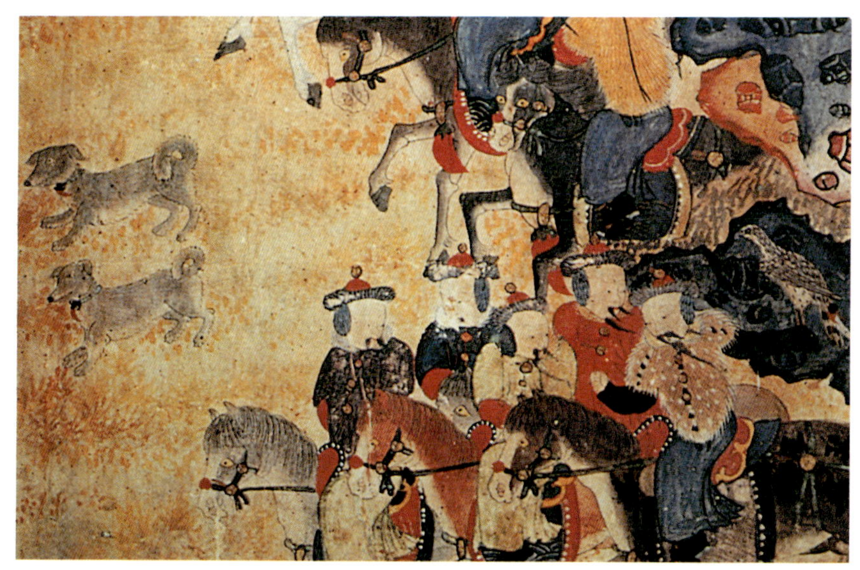

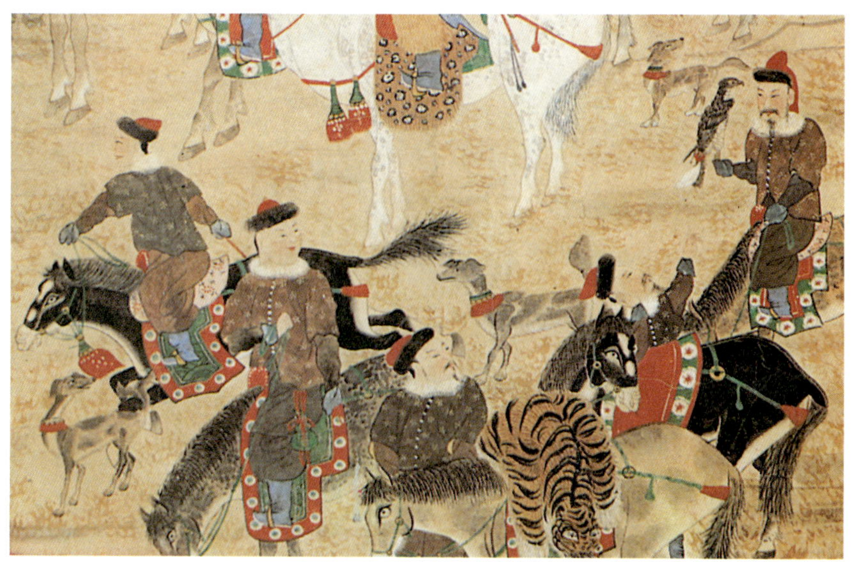

그림 23. 민화 호렵도. 지본.(맨 위)
그림 24. 민화 호렵도. 지본.(위)

그림 23, 24, 25는 호렵도로서 사냥하는 몽고인들을 그리고 있다. 여러 유형의 개들이 등장하는데 그림 23의 황구는 귀만 세우면 진돗개를 닮을 것 같은, 꼬리가 말려 올라간 개들이 묘사돼 있다.

그림 24에는 목이 긴 날렵한 사냥개들이 사냥꾼들 사이를 누비고 다니는 것이 묘사되어 있다. 가늘고 긴 다리에 털색은 얼룩덜룩하며 선 꼬리를 갖고 있는 서양의 사냥개들 같은 인상을 주는 개들이다.

그림 25는 매 사냥꾼 곁에서 따라가는 검은 개가 묘사되어 있다. 주위 풍광은 언덕과 소나무가 있는 우리나라 같은데, 말의 온몸이 크고 작은 검은 반점으로 표시되어 있어 비현실적인 느낌을 준다.

그림 26은 삽살개 가족의 어미 삽살개들의 확대도이다. 청과 황삽살개 한 쌍이 언덕을 뛰어내려 오는 모습을 묘사한 평면적이긴 하지만 세필로 섬세히 묘사된 원화풍의 그림이다. 삽살개의 주둥이와 코가 재미있게 묘사되어 있으며 목걸이에 매인 리본이 눈에 띈다.

풍속화(風俗畵)

조선 후기인 18세기 전반에 활동한 윤두서(尹斗緖), 김두량, 조영석(趙榮祏) 등에 의해 개척되기 시작한 풍속화의 세계는 김홍도, 김득신(金得臣), 신윤복에 이르러 크게 꽃을 피웠다. 생활 주변 풍속이 소재인 풍속화들은 다양한 당시 서민 생활상들의 특징을 잘 잡아서 비교적 세밀히 표현해 내고 있다.

이들 풍속화의 세계 속에서 살아 남은 우리 토종개들이 여러 마리 있는데 이 개들은 주로 무대 소품으로 등장하고 있다. 비교적 상세히 묘사되어 있는 특징적인 몇 마리의 토종개들을 그림들을 통해 살펴보도록 하겠다.

그림 27은 김홍도의 '들밥'에 나오는 개이다. 찬을 먹는 사람들 곁에서 조용히 기다리는 개의 모습이 의젓하기는 하나 주둥이가 뾰족하고 다리는 긴데, 목은 짧아서 생쥐 같은 느낌이 든다.

그림 28도 역시 김홍도의 작품으로 밭갈이하는 주인 뒤를 꼬리를 흔들며 따르는 털 긴 검둥개를 묘사하고 있다. 귀는 누웠고 배 아랫부분은 흰데, 등의 거친 붓자국이 눈에 띈다.

그림 26. 삽살개 가족. 지본.

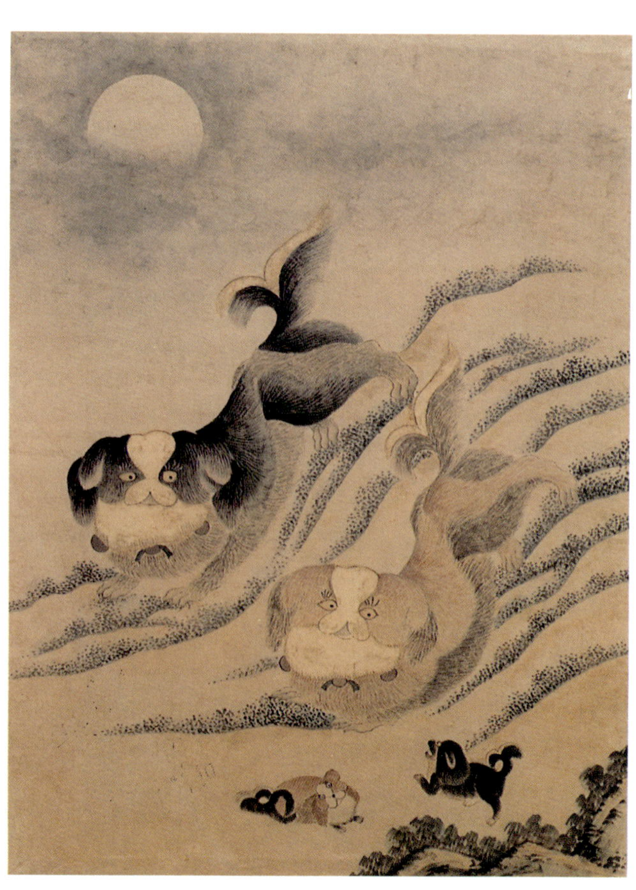

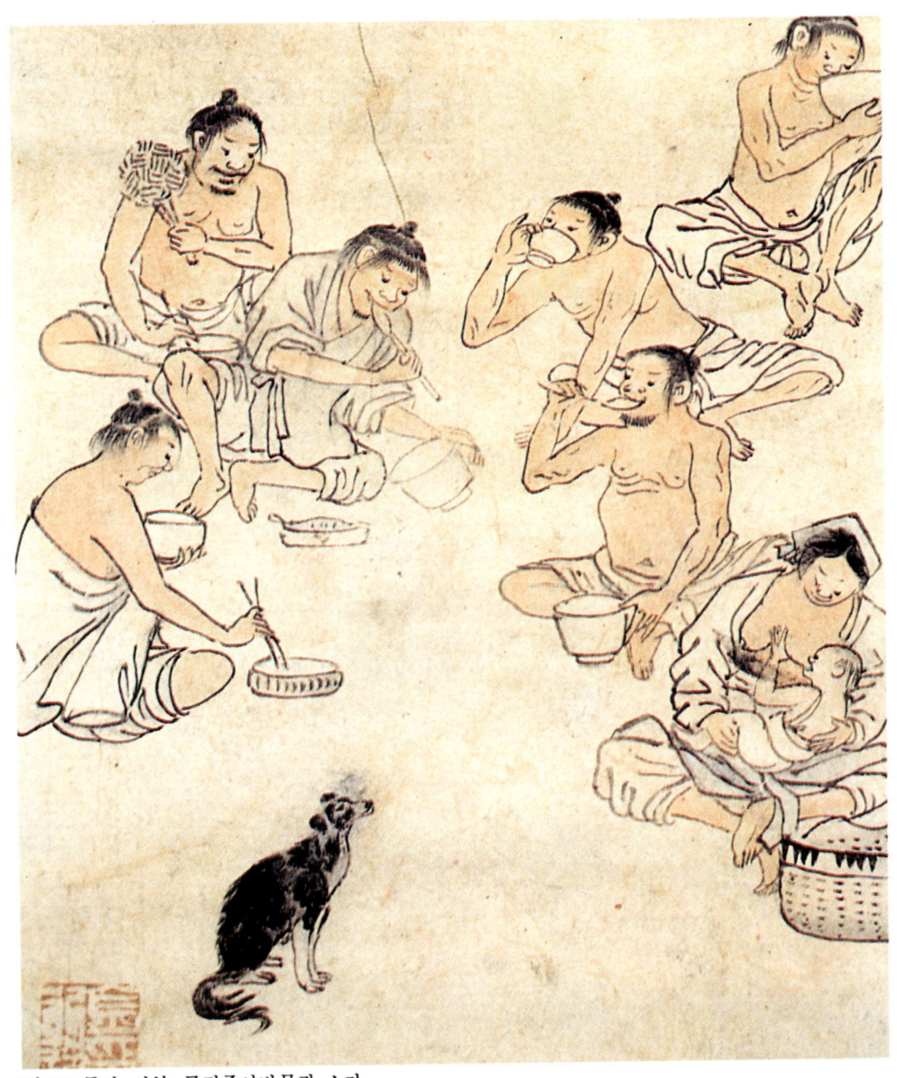

그림 27. 들밥. 지본, 국립중앙박물관 소장.

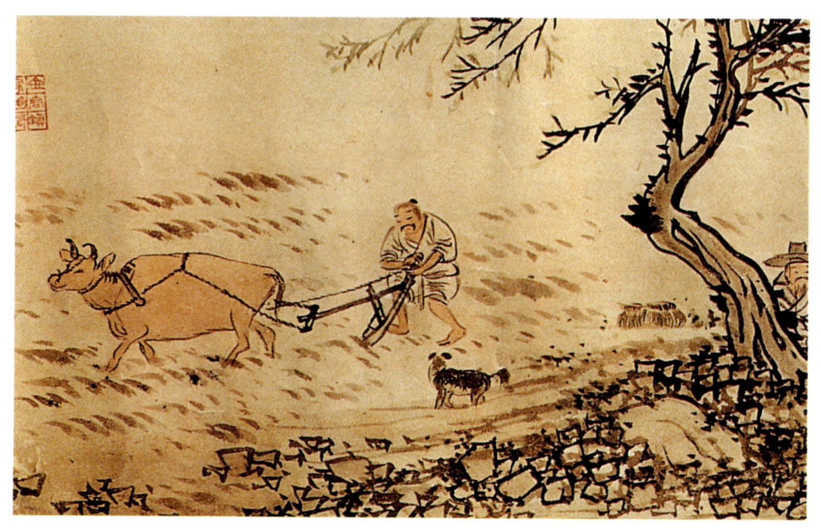

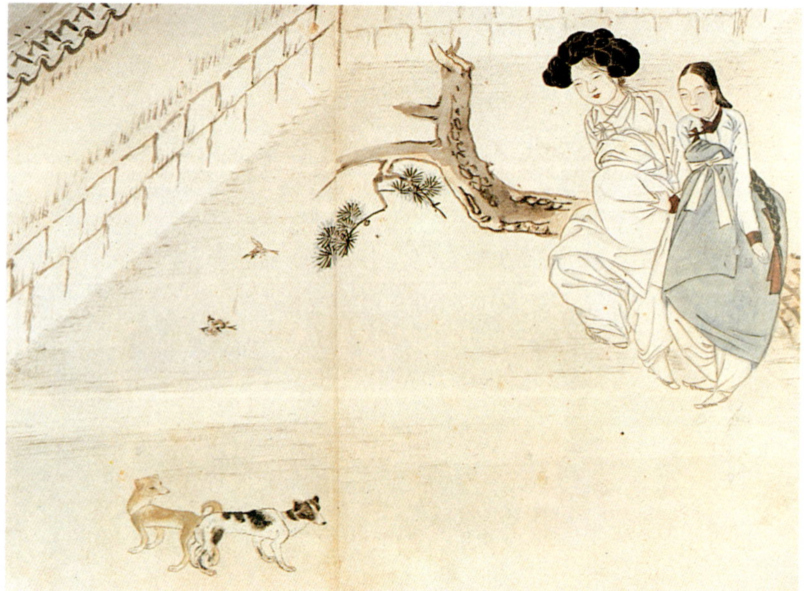

그림 28. 김홍도의 경작도(맨 위)
그림 29. 신윤복의 교접하는 개 그림(위)

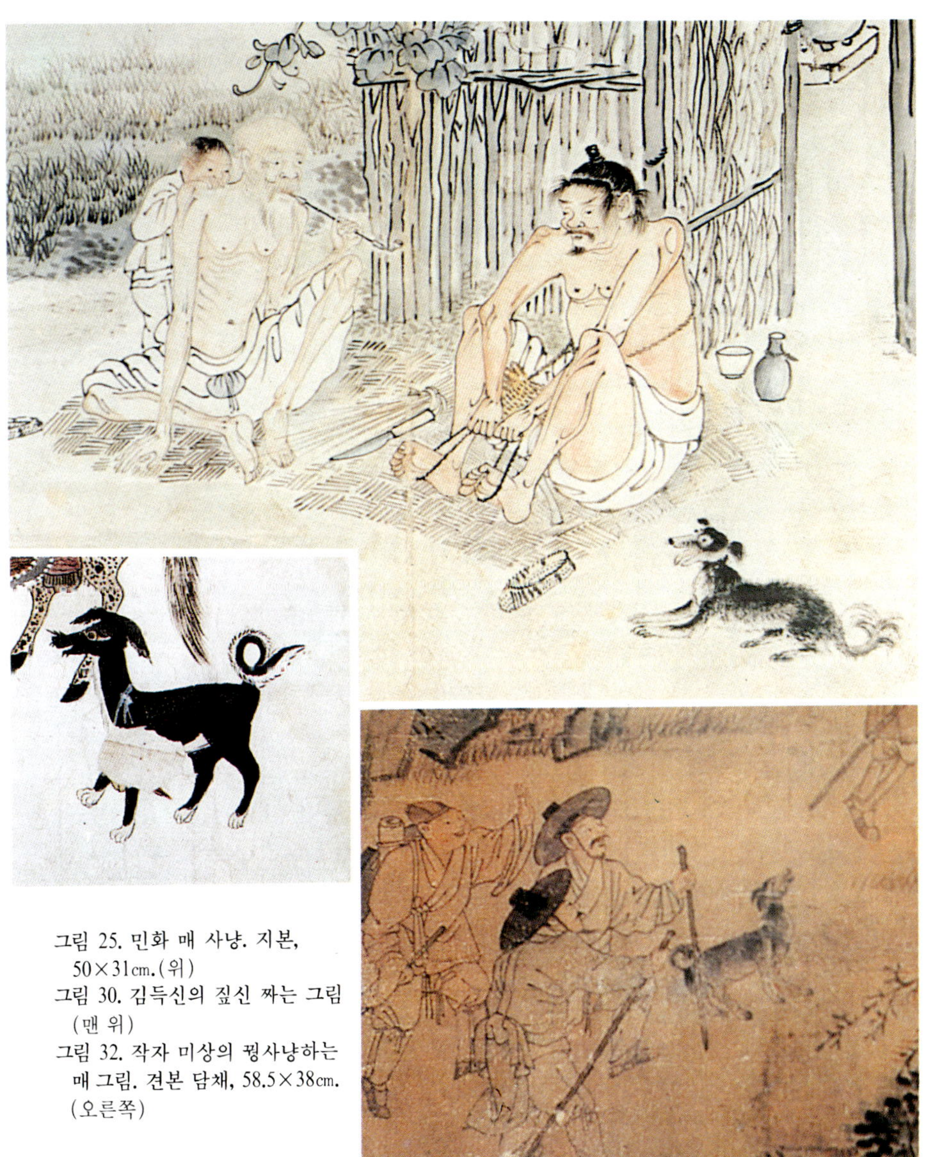

그림 25. 민화 매 사냥. 지본,
　50×31cm.(위)
그림 30. 김득신의 짚신 짜는 그림
　(맨 위)
그림 32. 작자 미상의 꿩사냥하는
　매 그림. 견본 담채, 58.5×38cm.
　(오른쪽)

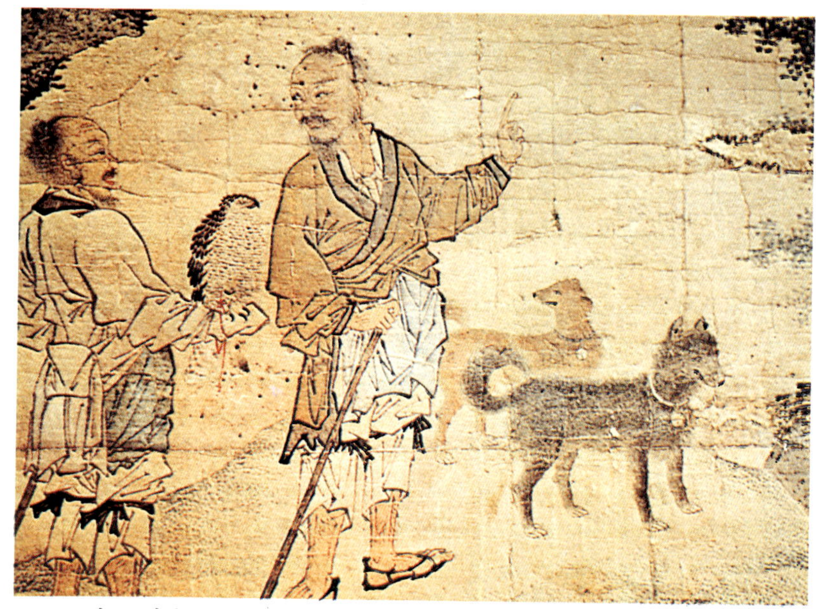

그림 31. 김익주의 응수도. 200여 년 전 그림으로 우리나라 옛 그림 가운데 진돗개를 닮은 개가 그려진 그림. 지본 담채, 국립중앙박물관 소장.

그림 29는 교접하는 개들을 보고 있는 부잣집 마님과 몸종을 그리고 있다. 신윤복의 그림으로 풍속화라기보다 춘의도(春意圖)에 가까운 느낌이 든다. 조그마하고 바짝 마른 두 마리 개들은 마치 여우 같은 느낌이 들기도 하는데 검은 반점의 흰 개는 영모도에 등장하는 개와 거의 흡사하다.

무더운 여름날 짚신 꼬는 주인 곁에서 헐떡거리며 엎드려 있는 개를 묘사한 그림은 김득신의 작품이다(그림 30). 사립문이나 돗자리, 곁에 있는 논이 상세히 잘 묘사되어 있는 것처럼 검둥개 역시 세밀히 그려져 있다. 마르고 주둥이가 긴 우리 토종개일 것이다.

그림 31은 조선시대 영조 때 경암(鏡岩) 김익주(金翊胄)의 응수도(鷹狩圖)로 매와 개로 사냥을 나간 모습이다. 진돗개 흑구

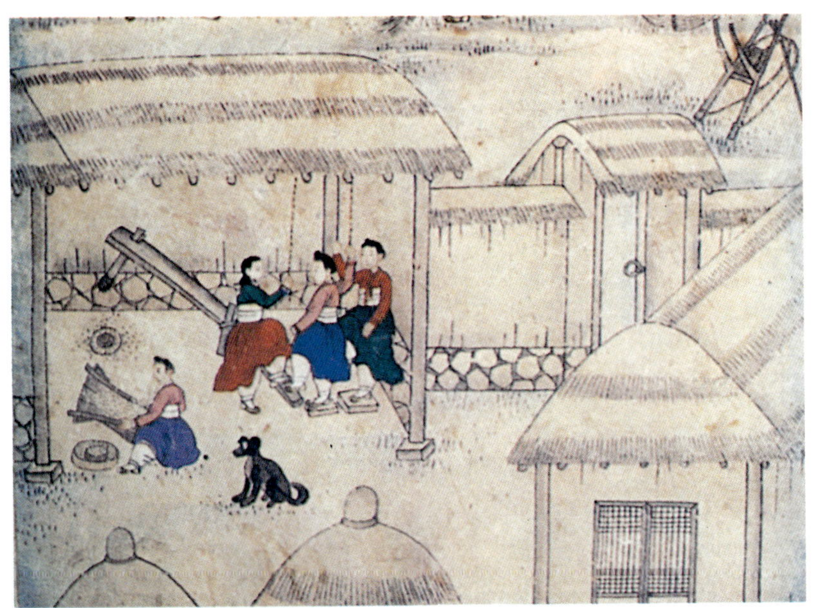

그림 33. 작자 미상의 디딜방아 찧는 여인들

를 닮은 개가 그려져 있다.

  그림 32는 매로 꿩사냥하는 장면을 그린 작자 미상의 풍속화인데 주변의 바위라든가 사람들의 표정 묘사를 볼 때 상당한 화격(畵格)이 느껴지는 그림이다. 사람들은 물론이고 개조차 급박하게 진행되는 공중 추격전에 시선이 집중되어 긴장감을 배가시키고 있는데, 여기 등장하는 개 역시 그림 30에서 김득신이 묘사한 개와 아주 닮아 있다. 그림 33은 디딜방아를 찧고 있는 아낙네들과 체질하는 여인을 쳐다보고 있는 덩치가 큰 검둥개가 그려져 있다. 말린 꼬리에 누운 귀, 비쩍 마른 검둥개가 풍속화에 가장 많이 등장하는 우리 개인가 보다.

삽살개

삽살개의 유래와 전설

삽살개에 관한 가장 오래 된 이야기들은 신라와 연관된 것들이 많다. 경주 건천 지방의 구전 가운데 김유신 장군이 삽살개를 군견으로 싸움터에 데리고 다녔다는 이야기는 대단히 유명하다.

중국과 일본의 불교계에서 환생한 지장보살(地藏菩薩) 지장왕(地藏王)으로 떠받들어지고 있는 중국 당나라 때의 고승 김교각(金喬覺) 스님(속명:김중경)이 볍씨와 삽살개 한 마리만 데리고 돛단배를 타고 중국으로 건너가 안휘성(安徽省) 지역에 벼농사 짓는 법을 전파한 이야기는 수많은 문헌 기록으로 남아 있다.

'중국구화산지(中國九華山誌)' '서장문화(西藏文化)' 등 3백 종 가까운 중국측 고전 및 현대 문헌 기록에 의하면 지장보살 지장왕 김교각은 신라 33대 성덕왕(聖德王)의 장남으로 서기 695년 7월 15일에 태어나 21세 때인 716년에 당나라로 건너간 뒤 구화산에서 성불(成佛)했으며 794년 7월 30일 99세로 입적했다고 되어 있다. 김교각 스님이 삽살개를 데리고 고행했다는 불교 성지에는 현재

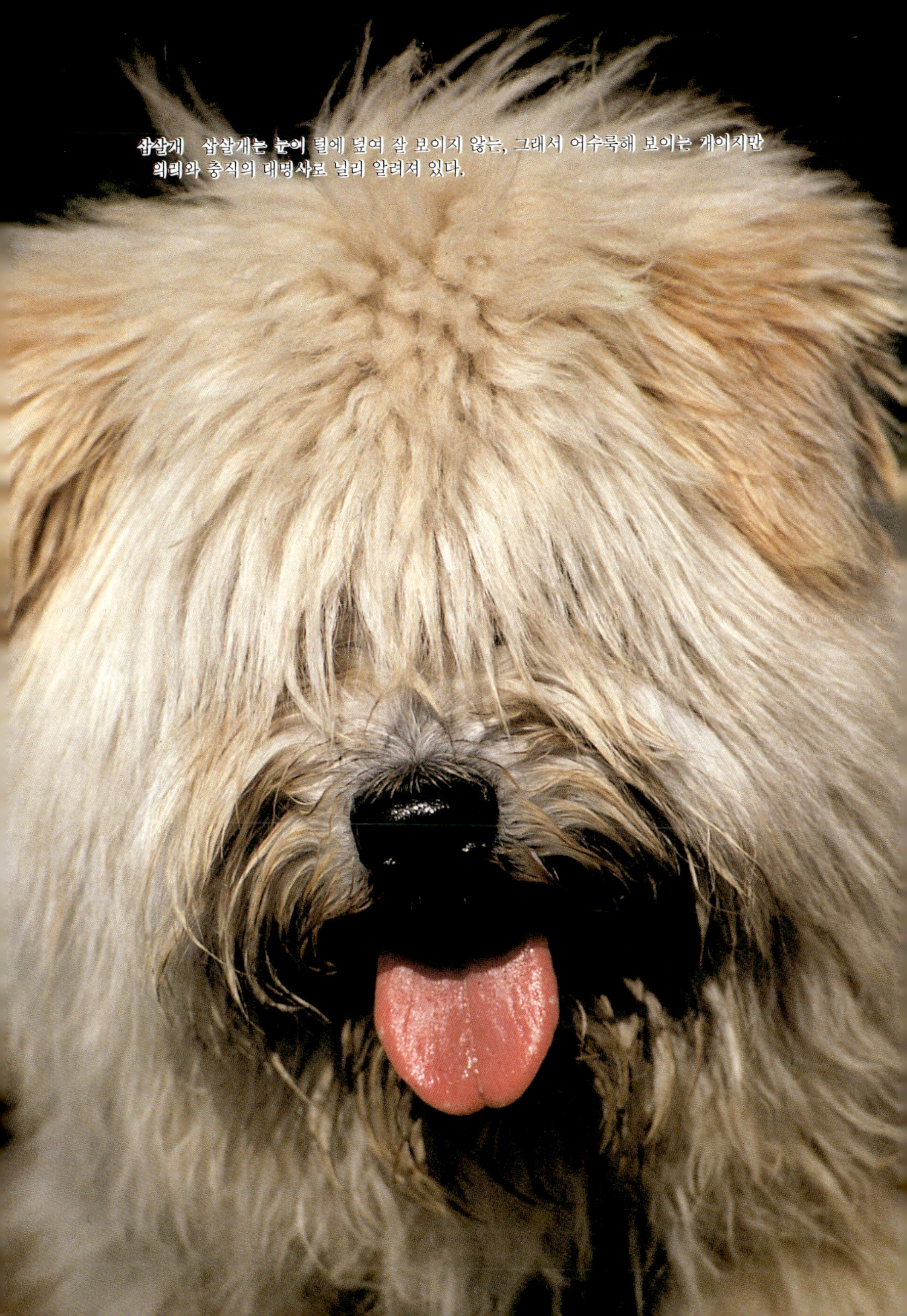

삽살개 삽살개는 눈이 털에 덮여 잘 보이지 않는, 그래서 어수룩해 보이는 개이지만 의리와 충직의 대명사로 널리 알려져 있다.

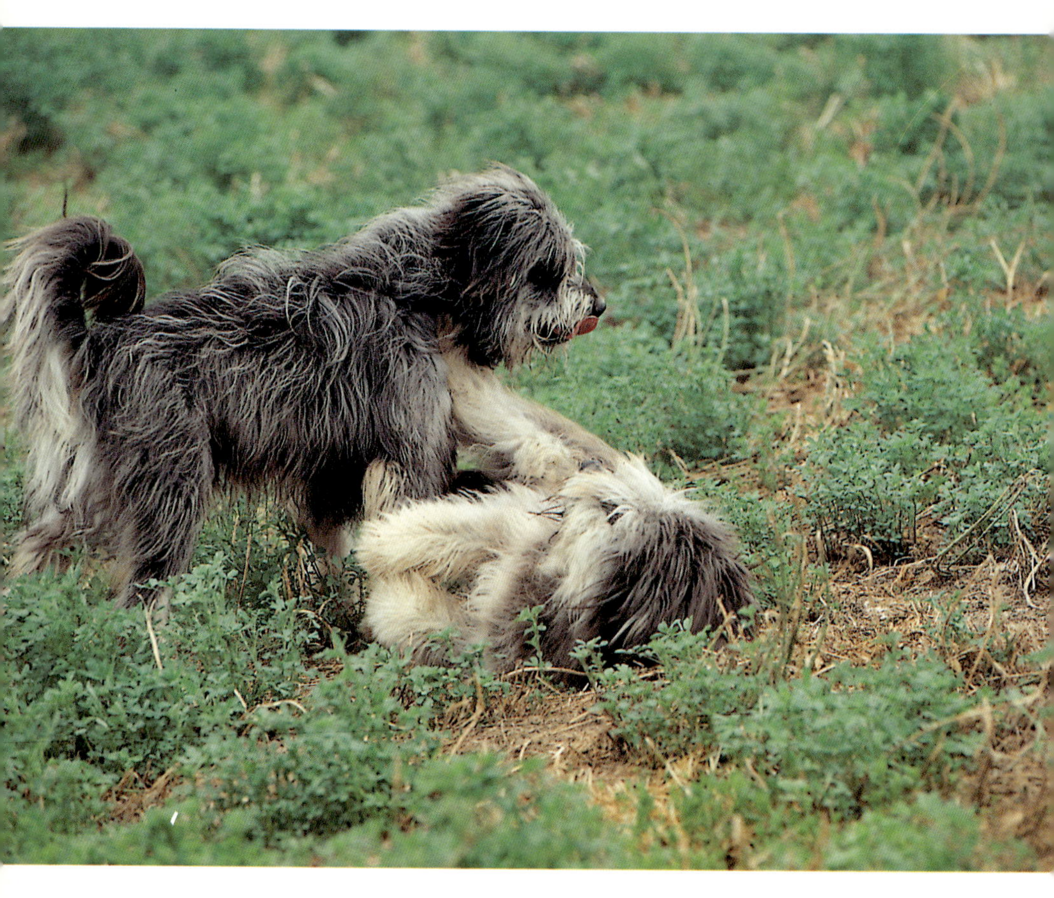

청삽살개　원래 삽살개는 궁중에서 귀하게 길러지던 개였으나 고려 때부터는 일반
민가에까지 널리 길러지기 시작했다는 말이 전해 온다. 풀밭 위에서 뒹굴며 노는
청삽살개의 모습이 무척 평화롭게 느껴진다.

지장의 육신을 모신 7층석탑과 육신 보전궁[墓], 삽살개를 타고 있는 지장보살상 그리고 많은 유품과 기록이 보존돼 있다고 한다.

통일신라 때만 해도 궁중에서 귀하게 길러지던 삽살개가 신라가 망하면서 민가로 흘러나와 고려 때부터는 남부 지방의 일반 민가에서까지 널리 길러지기 시작했다는 구전은 상당한 설득력을 지니는 것 같다.

왕손인 김교각 스님이나 귀족 출신인 김유신 장군 등이 애견으로 평생 데리고 다닌 삽살개는 고려시대 무장이었던 유천매(兪千邁)의 한시 속에서는 잘 다루기 힘든 북쪽의 말에 대응하는 남쪽 삽살개 무리로 등장하게 된다.

북에서 온 말들은 채찍질을 따르지 않고
남에서 모인 삽사리 떼는 하늘 보고 짖으러 하네

이같은 이야기들은 그 당시 아시아 전역에 새로운 정치, 종교 이념으로 등장하기 시작한 신흥 종교로서 불교의 발흥과 연관하여 볼 때 삽살개의 유래에 대한 실마리를 제공해 줄 수도 있을 것 같다.

아시아권에서 삽살개와 가장 닮은 개를 들라면 티베트 유래의 개들 곧 티벳탄 테리어, 티벳탄 마스티프 등이 떠오른다. 티벳탄 테리어는 티베트 지방에서는 오래 전부터 행운을 가져다 주는 개, 귀신 쫓는 개로 인식되어 선물로 주고받았을 뿐 금전 거래는 되지 않았다고 한다.

라사 압소(Lhasa Apso)나 시추(Shih-Tzu) 등도 마찬가지의 티베트 유래 개로서 사자개 등으로 알려져 왔는데, 이들 소형이며 삽살개 닮은 털 긴 개들이 이웃 나라로 전파되어 주로 왕가나 귀족들의 전유물로서 길러졌다고 한다. 라사 압소에서 유래되었다고 하는

시추

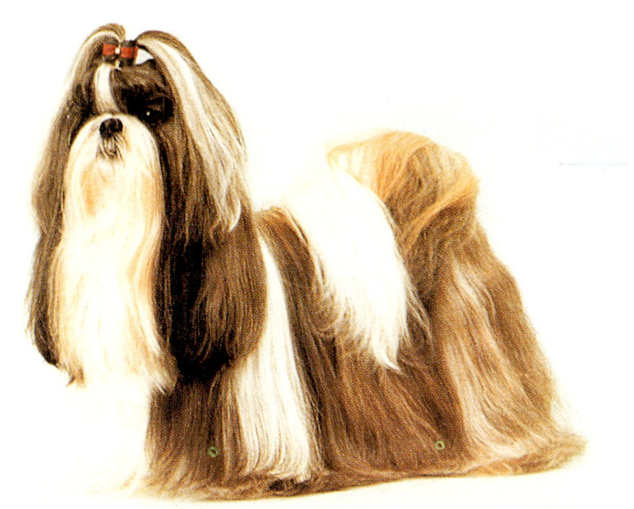

페키니즈

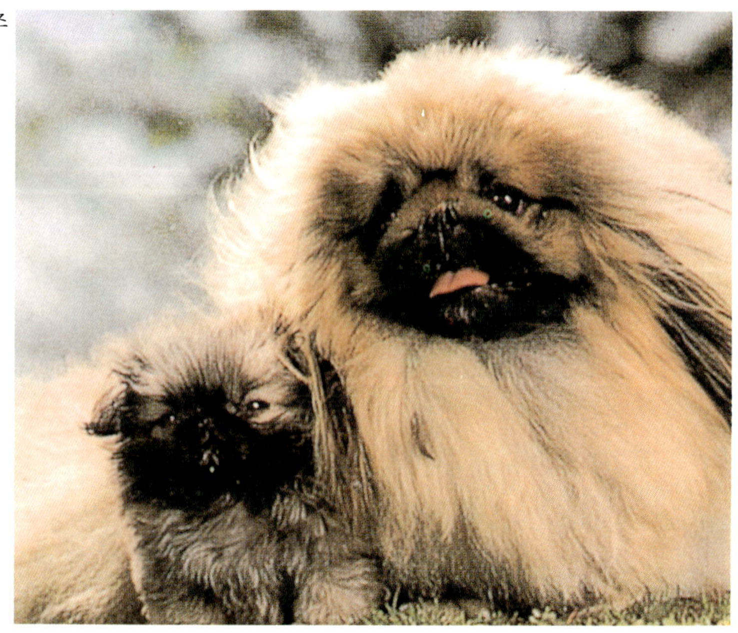

페키니즈는 당나라 현종 때에는 금사구(金獅狗) 등으로 불리며 왕족이 아니면 기를 수 없는 개였다고 하는데 7세기 후반에 일본으로 전파되어 일본 칭으로 개량되었다고 한다. 일본 칭도 역시 오랫동안 귀족들만 기를 수 있었던 특별한 개로 취급되었다.

인류학자들의 이론에 의하면 인종학적으로 우리 한민족과 가장 유연(類緣) 관계가 가까운 인종이 티베트 사람들이라고 한다. 얼굴 생김뿐만 아니라 언어나 민속학적인 증거들이 이같은 이론을 뒷받침하는 것으로 알려지고 있는데, 삽살개 역시 티베트 개들과 혈통적으로 가까운 관계를 가진다고 추측해 보는 것은 큰 무리가 없을 것 같다.

그 당시 동양 여러 나라의 왕가나 지체 높은 분들이 털 긴 티베트 유래 혈통의 개를 귀하게 여기며 기르던 것과 맥을 같이하여 신라 귀족 사회에서도 삽살개를 귀신 쫓아 주는 소중한 개로 여기며 길렀던 것이다.

신라 불교 미술품 가운데에서 지금까지 원형을 유지한 채 남아 있는 많지 않은 유물 가운데에서 석사자로 알려진 석수(石獸) 조각들이 있다. 사자를 보지 못한 아시아권의 여러 나라 석공들은 귀신 쫓는 영수로 알려져 있으며 귀하게 여김받던 털 긴 삽살개를 사자의 모델로 삼아 석수 조각을 만들었을 가능성도 생각해 볼 수 있을 것이다. 불교 문화권 안에서 털 긴 개들이 사자에 대한 대용적인 가치를 지닌 동물로 대접받은 예는 일본의 신당수(神堂獸)인 고마이누(고려개 일명 사자개)에서 찾아볼 수 있는데 액운 쫓는 고려개로서 많은 보물급 유물들이 현재 일본에 남아 있다. 귀신 쫓는 삽살개, 액운 쫓는 일본의 고려개, 행운을 가져다 준다는 티베트 사자개들의 지역을 넘어선 공통점은 당시 불교 문화의 넓고 큰 영향력과도 모종의 관계가 있었을 것으로 믿어진다.

삽살개와 관련된 옛 문헌과 이야기들

의리의 상징 삽살개

삽살개야말로 민족의 개이며 우리 조상들의 애환에 깊이 연루되어 있다는 사실은 우리 주위에 널려 있는 많은 이야기들이 이를 웅변으로 말해 주고 있다.

"한번 정 준 주인을 잊지 못하여 해질녘이면 동구 밖에 나가서 옛 주인을 기다린다"는 삽살개에 대한 옛 이야기는 한국적인 정서가 듬뿍 담긴 한 폭의 정감어린 그림을 보는 것 같다. 삽살개 하면 우선 정 많은 개, 눈이 털로 덮여 눈동자가 어디로 움직이는지도 보이지 않는, 그래서 바보처럼 어수룩해 보이는 우리 개가 연상된다. 삽살개

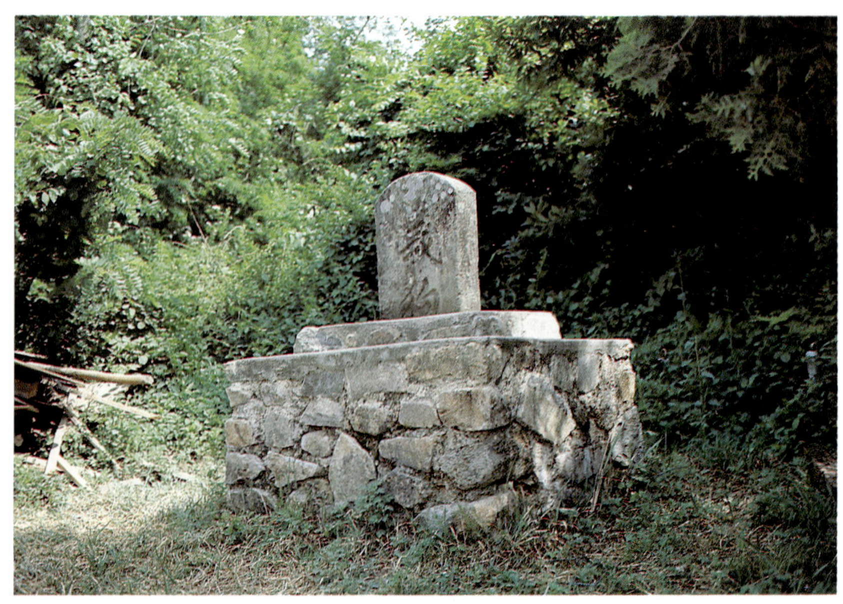

의구총 자신을 희생하여 주인을 지킨 삽살개를 기린 비석으로 경북 선산군에 위치해 있다.

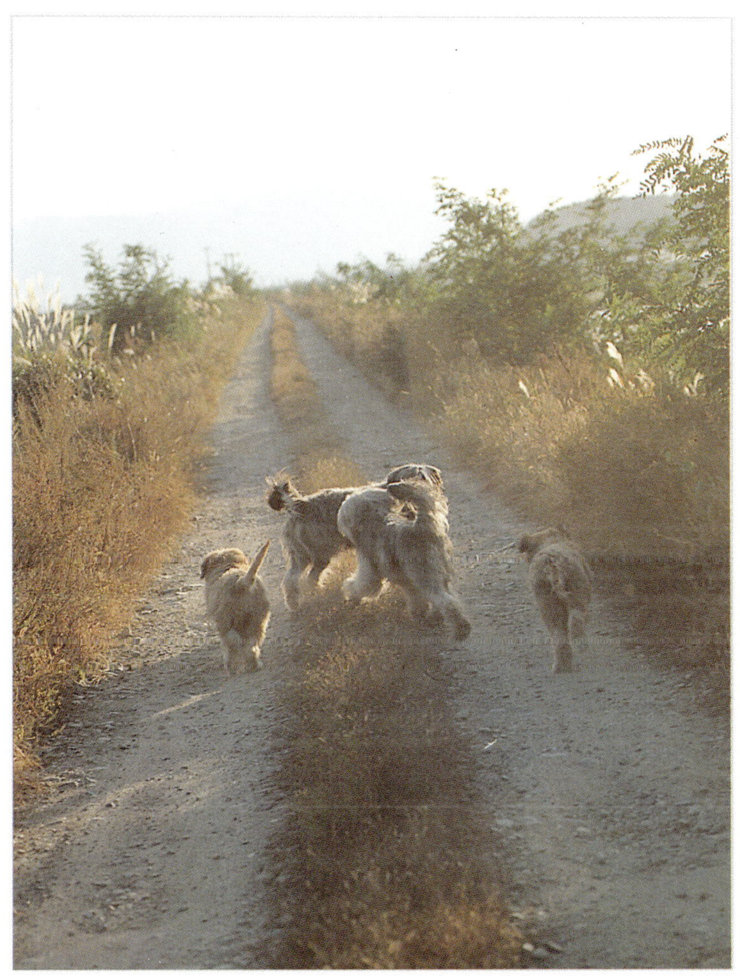

삽살개가 놀고 있는 동구 밖 전경이 마치 한 폭의 정감어린 그림을 보는 듯 향수를 불러일으킨다.

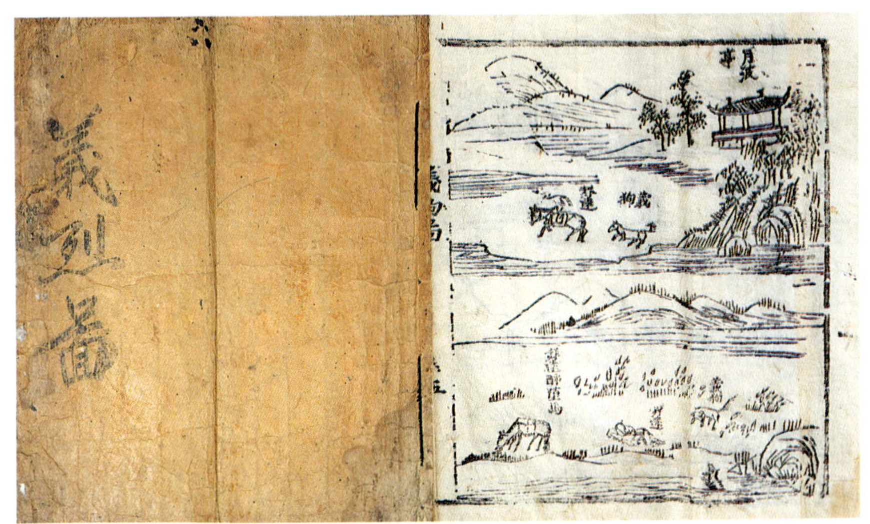

의열도 안홍창 지음, 1665년.

는 날카롭고 뾰족한 진돗개와는 모양부터가 다르다. 느릿느릿하고
어수룩해 보이지만 표시하지 않는 깊은 정이 우러나는 개이다.
　낙동강가에 위치한 선산군(善山郡)에는 300년이나 된 의구총이
지금까지 남아 있다. 현존하는 비석에는 '의구(義狗)'자만이 남아
있는데, 총(塚)자는 해방 뒤 신작로 공사 때 인부들의 곡괭이에
맞아 부서져 나간 것을 선산 지방 사학자인 김수기(金樹基) 선생이
수습하여 신작로 곁 야산에 옮겨 놓았기 때문이라 한다.
　선산 부사(府使) 안홍창(安興昌)이 1665년에 지은 「의열도(義烈
圖)」에 비석의 내력에 대한 상세한 이야기가 4폭 그림과 함께 기록
되어 있다. 성원(聲遠)이라는 선비가 술에 취해 돌아오는 길에 월파
정(月波亭)이 있는 강변에서 깊은 잠에 떨어지게 된다. 따라오던

삽살개가 주인 곁을 지키다가 때마침 일어난 들불로부터 주인을 보호하기 위해 필사적으로 강물에 몸을 적셔 불을 끄기 여러 번, 결국 주인의 목숨은 살리지만 개는 지쳐 죽게 되었다는 이야기다. 선산 지방에 있었다는 의로운 소에 대한 이야기가 함께 기록된「의열도」는 역사적인 현장이 지금껏 가장 잘 보존된 유일한 예이다. 아마도 충효를 중시한 조선이란 유교 사회의 분위기 덕분에 이같은 의구 이야기가 오늘날까지 전해질 수 있었겠지만 개 특히 삽살개는 의리와 충직의 대명사였음에 틀림없다.

악귀 쫓는 삽살개

"삽살개 있는 곳에는 귀신도 얼씬 못한다"는 이야기야말로 삽살개와 연관되어 가장 널리 알려진 말이다. 삽(없앤다 또는 쫓는다) 살(귀신, 액운)개라는 말 자체가 바로 귀신 쫓는 개라는 뜻이니 삽살개는 진정 우리 조상들에게 편안함과 정다움을 동시에 제공해 주던 좋은 친구였음에 틀림없다. 삽살개에 관한 언로한 분들의 많은 이야기를 채록(採錄)하였으나 그 가운데 귀신과 연관된 몇 가지 대표적 예만 열거하면 다음과 같다.

현재 경북대학교에 계신 김봉소(金鳳韶) 교수는 어릴 때 노인들이 삽살개를 신선개 또는 선방(仙尨)이라 부르던 것을 기억하며 잘 움직이지 않는 정적인 개였었던 것 같다고 삽살개에 대한 이야기를 해주셨다. 아마 영악스럽지 않으나 주인은 잘 알아보는 영리한 삽살개의 외모가 긴 털에 텁수룩하니 산중의 신선(神仙)이나 도사(道士)가 연상되기도 했으리라 추측된다.

연변에서 온 경북이 고향인 김종식(金鍾植) 노인은 어릴 때 할머니로부터 들은 삽살개에 관한 이야기를 하셨는데 "어느 마을에 연로한 노인이 나이 많은 삽살개를 집에서 길렀다고 한다. 잘 짖는 삽살개 소리가 어느 날 싫어져서 아들더러 데려가 잡아먹으라고 내어 준다. 늙은 삽살개가 자신의 운명을 알고 끌려가기 전 하룻밤을 딸 삽살개와 같이 지내면서 '내가 여태 주인집 영감님을 저승 사자로부터 보호해 주고 있었는데 주인님이 내 소리가 싫어졌다고 하니 그와 나의 운명도 이제 다 되었는가 보다' 하며 슬픈 기색을 지었다. 다음날 저승 사자를 막아 주던 삽살개의 죽음과 함께 그 노인도 같은 운명을 맞았다"는 것이 그 줄거리였다.

고려 말에서 조선 초기의 인물인 명재상 방촌(厖村) 황희 정승의 17대손인 고미술품 수집가인 황성욱(黃盛郁) 선생은 삽살개 마을이란 뜻의 호를 가진 황희 정승과 삽살개에 얽힌 다음의 이야기를 하셨다. "황희 선생의 눈빛은 너무나 강하여 똑바로 보면서 눈에 힘을 주면 어린애들이나 웬만한 동물들은 죽어 버릴 정도였다고 한다. 그러나 노년에 삽살개를 잡고 쳐다봤는데 삽살개가 끄떡도 하지 않았다는 것이다. 노정승이 '이제 나도 명이 다하였나 보다'고 한탄했다고 한다" 삽살개의 눈빛은 안력(眼力)에 있어서 황희 정승에게 뒤지지 않았다는 이야기일 수도 있겠다.

귀신 쫓는 삽살개에 관한 여러 가지 재미 있는 물증들은 조선 후기에 유행한 민화의 세계에서 더욱 선명히 찾아볼 수 있다. 왕이나 지체 높은 양반들의 넓은 집 마당에는 어김없이 삽살개를 길렀다고 한다. 땅의 넓이에 비해 사는 사람이 적은 집, 땅 기운이 센 곳에서 살아서 그 기운을 누를 필요성을 느꼈던 사람들은 거처 가까이 삽살개를 둠으로써 안정을 찾을 수 있다고 믿었던 것 같다.

이같은 민간 전래의 믿음이 미술과 조우(遭遇)하여 표현된 것이 벽사(辟邪) 미술이랄 수 있는데 대표적인 것이 문배도이다. 문배도란 보통 호랑이, 닭, 사자, 개 등이 등장하며 액을 막기 위해 집 대문, 광문 등에 붙이는 그림을 말한다. 이는 전래의 풍속에 그 근원을 두었지만 삽살개 문배도인 경우 삽살개가 없을 때는 개 그림만으로도 액을 막을 수 있다고 생각한 데서 유래되지 않았을까 추측된다.

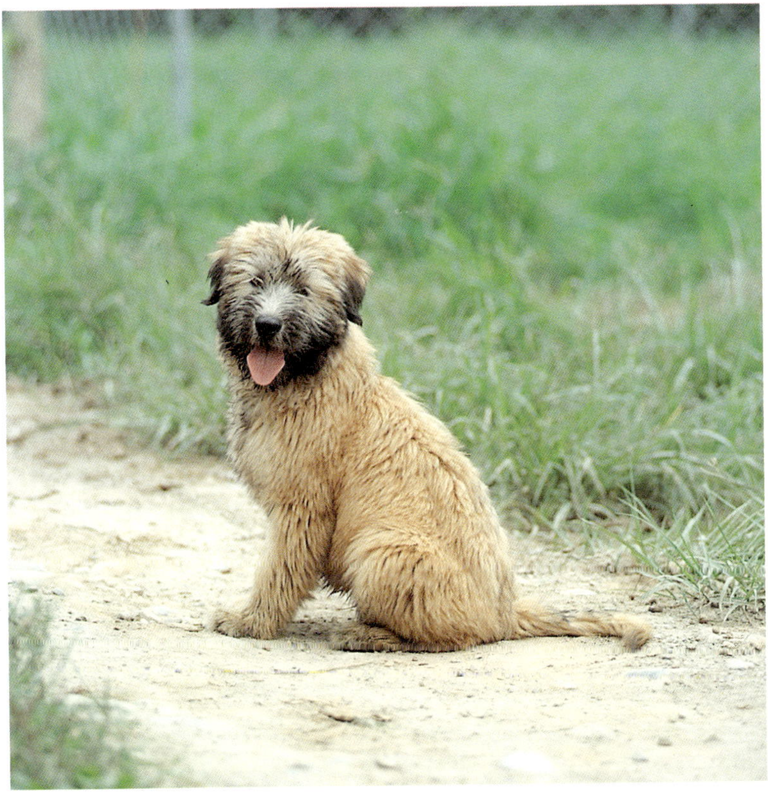

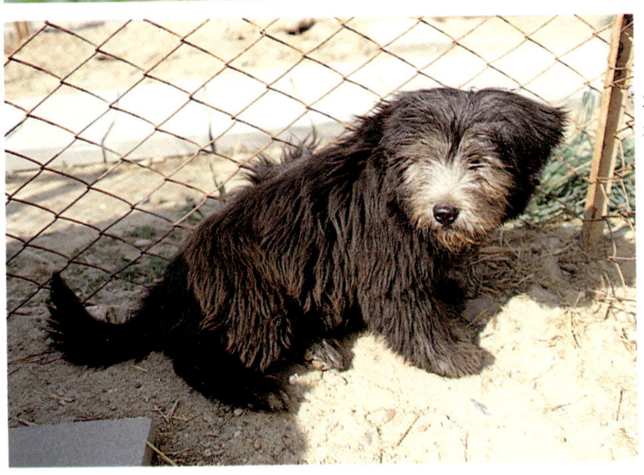

황삽살개 강아지(위)
청삽살개 강아지(왼쪽)

문학 작품 속의 삽살개

전래의 문학 작품 속에는 크고 작은 비중으로 삽살개가 등장하는 것이 많다. 어떤 때는 조그마한 무대 장치로 놓여 있기도 하고 더러는 비교적 큰 역할을 맡아 이야기를 이끌어 가는 데 없어서는 안 되는 배우로 등장하기도 한다. 때로는 전래 민요, 가사(歌辭)에 등장하여 한많은 아낙의 한풀이 대상으로 쓰이기도 하고, 점잖은 한시 속에서는 고요한 산중 생활의 적막을 깨는 동적인 요소가 되기도 한다.

이도령의 명을 받고 은밀히 춘향네 집을 방문한 방자를 향해 컹컹 짖는 계화(桂花) 밑의 삽살개는 춘향전에 나오는 삽살개이다. 그러나 천태산 마고할미라는 영계의 선한 신과 억울한 일 당한 숙향(淑香) 낭자 사이를 맺어 주는 메신저로서의 청삽살개와 황삽살개는 흙바닥에 발로 글씨도 쓸 수 있는 신령스런 개들이다.

전래의 한문 소설이며 국문 필사본도 널리 읽힌 「숙향전(淑香傳)」에서는 없어서는 안 되는 중요한 조역 배우로 등장하고 있는 것이다. 한시에도 삽살개가 많이 등장하는데 조선시대에는 전시대를 통해 여기저기에서 발견할 수 있다. 고려 때의 한시로는 유천매가 쓴 '원수 김방경의 탐라 정벌을 축하함'이라는 시에서 등장하고 있다. 조선시대 인조 연간에 살았던 허경윤(許景胤)의 '산에 살면서'라는 시에는 "사립문에는 삽살개 마구 짖고 창 밖에는 흰 구름이 헤매이네"로 시작된다.

이제는 삽살개와 더불어 맹꽁이도 거의 볼 수 없게 되었지만 우리 어린 시절에만 해도 논에서는 맹꽁이 울음 소리가 대단했던 것 같다. "저 못가에 맹꽁이—저 못가에 삽살개"로 시작되는 민요를 비롯하여 옛기억에 희미할 뿐이지만 채록된 많은 가사와 민담, 민요 속에 등장하는 삽살개는 다시 번창하게 될 삽살개들과 함께 우리의 정감 속에서 다시 살아날 것이다.

천연기념물 지정 경위

　동네마다 그 흔하던 삽살개들은 36년 동안의 일제 강점 시기를 지내는 동안 빠르게 멸종의 운명을 맞게 되었다. 일본개들을 닮았다는 진돗개가 대우받고 살아 남은 대신, 삽살개들은 도살의 대상이 되어 엄청난 피해를 입게 된 것이다. 세계사에도 그 유래가 별로 없는 남의 나라 토종개 박멸 작전을 일본은 1940년부터 본격적으로 실행에 옮겼으며 그 이전에 이미 조선개의 실태와 모피 자원의 질에

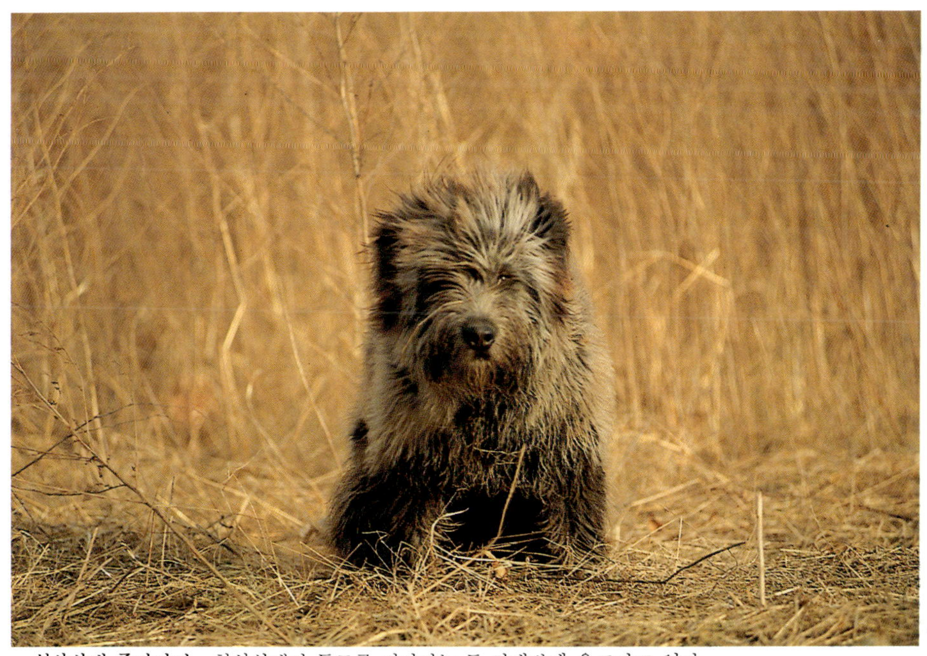

청삽살개 중강아지　청삽살개가 동료를 기다리는 듯 갈대밭에 웅크리고 있다.

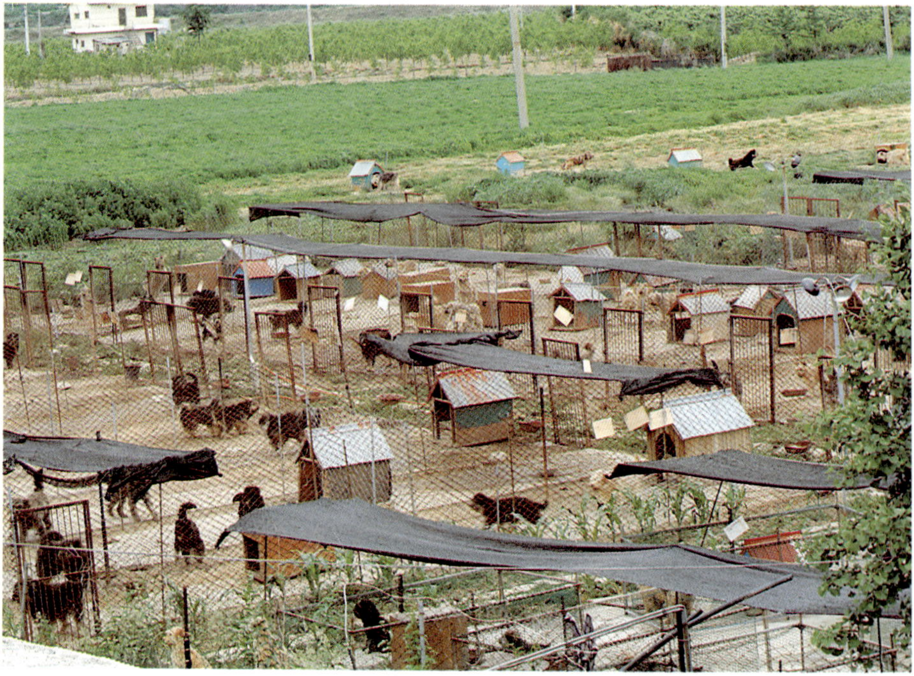

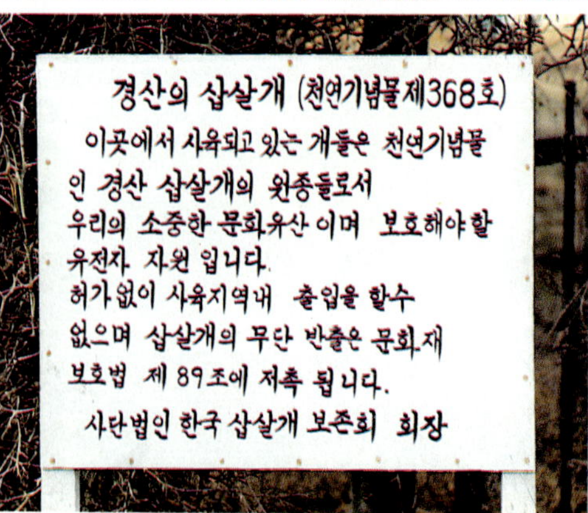

삽살개 보존과 육종의 메카 대구 목장 전경과 입구 표지판(경상북도 경산군 하양읍)

대한 연구를 수행했었다.

1940년 3월 8일 조선 총독부령 제26호인 '한국내의 개 가죽 판매 제한령'을 내리고 조선 견피 수집을 국책으로 추진하였다고 한다. 기록에 의하면 적을 때는 연간 10만 매, 많을 때는 50만 매까지 수집했다 하니, 실제는 이보다 훨씬 많은 우리 토종개가 억울한 죽음을 당한 것이다. 이 과정에서 절대 다수의 삽살개가 피해를 입어 해방될 당시에는 산간 오지 마을이 아니면 좀처럼 볼 수 없는 희귀종이 되어 버렸다.

해방과 6·25 사변의 격변기 또한 삽살개 생존에 좋은 환경은 되지 못했던 것 같다. 서양 문물의 무분별한 도입은 외국 것이면 뭐든지 좋은 것이라는 인식과 함께 삽살개는 약이 되는 개, 맛있는 개 정도로밖에는 대우를 받지 못한 것이다.

삽살개가 시야에서 사라져 가는 것과 때를 같이하여 외국의 털 긴 개들이 수입되어 그 빈 공간을 메우게 되면서 자그마한 외국개들이 삽살개라는 이름으로 잘못 불리게 된 것이다. 해방 전의 진짜 삽살개를 보지 못한 젊은 세대가 털 긴 작은 외국개를 삽살개로 오인하는 것이 어쩌면 당연한 일인지도 모른다.

아무도 삽살개에 관심을 기울이지 않던 이러한 시기에 처음으로 삽살개 보존의 필요성을 깨친 분은 경북대학교의 탁연빈(卓鍊斌) 교수였다. 수의과 대학에 재직하고 있던 탁 교수는 애견협회의 심사 위원직을 맡고 있었는데 이름 없는 아프리카산 토착견을 심사하는 과정에서 '진짜 우리 토종개는 무슨 개일까?' 하는 의문을 갖게 되었 다고 한다.

당연히 삽살개에 대한 생각을 하게 되었고 같은 과의 동료인 김화 식(金和植) 교수와 함께 삽살개 수집을 시작하게 된 것이다.

과학기술처의 연구비 지원을 받게 된 이들 두 분의 교수들은 1960년대 말부터 여러 해에 걸쳐 주로 경주 지방과 강원도 남부의 산간 벽지에서 외국개 혈통이 오염되지 않았다고 판단되는 순수한 토종 삽살개 30여 마리를 발견, 수집하게 되었다. 이와 함께 수집된 삽살개들에 관한 연구를 수행하여 1972년에는 과학기술처에 삽살개에 관한 연구 보고서를 처음으로 제출하기에 이른다.

실로 삽살개에 대한 두 분의 안목과 애정이 없었다면 삽살개는 이 땅에서 영원히 사라져 버렸을 것이다. 왜냐하면 현존하는 삽살개 집단은 모두 이때 발굴되어 보존된 개들의 후손들이기 때문이다.

두 분 교수의 지도 교수이며 후원자였던 하성진(河成珍) 교수는 당시 대구 목장을 경영하고 있었는데 연구가 끝난 개들의 사육에 고충을 겪고 있던 제자들의 삽살개를 대부분 인수받게 되었다. 이들 삽살개들이 1972년 이후부터 당시 대구시 범어동에 소재하던 대구 목장의 울타리 안에서 집 지키는 개들로 사육 보존하게 된 것이다.

1985년 봄부터 경북대 유전공학과에 재직하게 된 필자가 경산군 하양읍으로 이전한 아버님의 대구 목장에서 다시 만나게 된 삽살개들은 그 당시 7, 8마리가 전부였었다. 허술한 사육 환경으로 인해 몇 해만 방치한다면 삽살개의 맥이 완전히 끊겨 버릴 것 같은 위기 상황이었다.

목장일을 맡아 보던 필자의 동생인 하지윤(河智允)과 함께 수년간에 걸친 체계적이고 합리적인 사육 관리와 삽살개 재탐색 작업 덕분에 삽살개 숫자가 서서히 불어나기 시작하여 1989년 봄에는 30여 두에 이르게 되었다. 이제 멸종은 되지 않겠다는 자신과 함께 진돗개만 천연기념물로 지정하고 있는 정부로부터 정당한 자리매김은 받아야겠다는 생각을 하게 되었다.

필자가 '삽살개의 천연기념물 지정 신청서'를 작성하여 문화재관리국에 제출한 것이 1989년 6월이며 지정 발표가 1992년 3월 7일(제368호)에 났으니 만 2년 9개월이 걸린 셈이다. 같은 해 1992년 5월 2일에는 '사단법인 한국 삽살개 보존회'의 창립을 위한

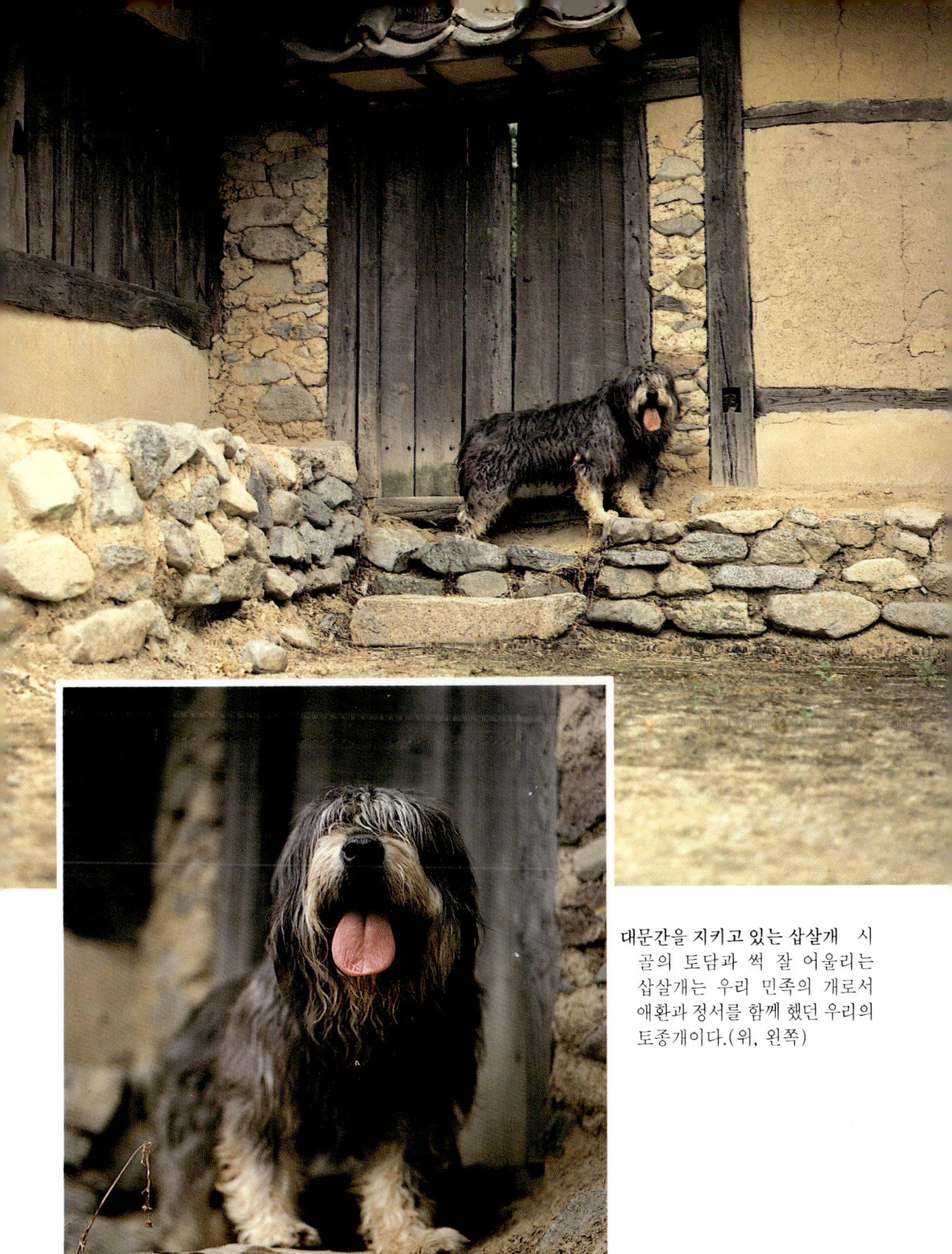

대문간을 지키고 있는 삽살개 시골의 토담과 썩 잘 어울리는 삽살개는 우리 민족의 개로서 애환과 정서를 함께 했던 우리의 토종개이다.(위, 왼쪽)

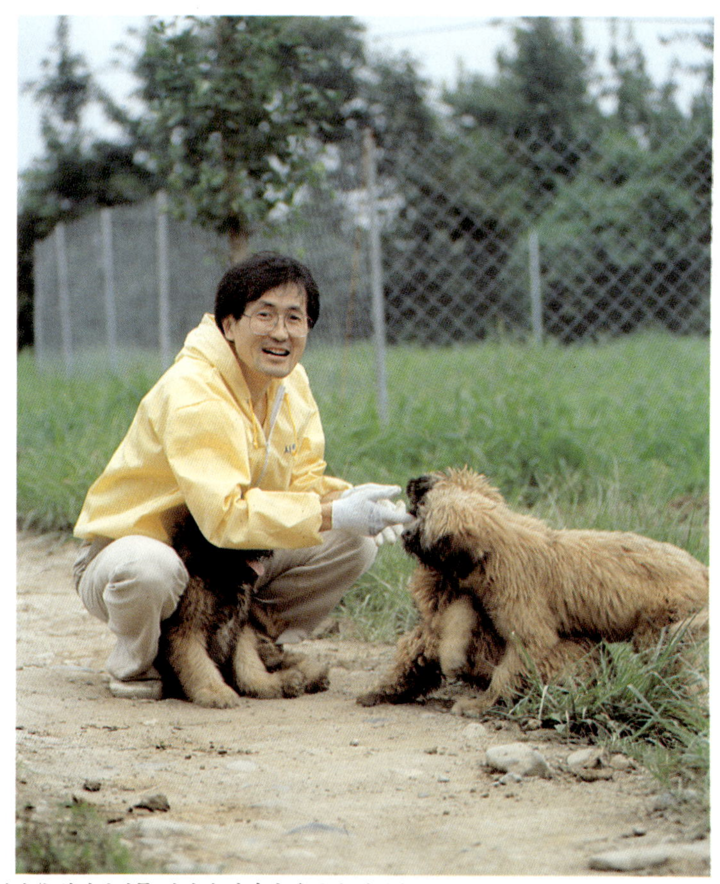

삽살개 천연기념물 지정에 앞장선 육종가 하지홍 교수

창립총회가 37인의 발기인들에 의해 대구에서 열렸으며 8월 24일에
는 문화부로부터 사단법인 설립 허가를 받았다.

1993년 5월 7일에는 경산군 하양읍 사무소 회의실에서 회장 하성
진 교수의 주최로 탁연빈, 김종봉, 필자, 하지윤, 관계 공무원 2명이
참석한 가운데 제1차 삽살개 심의위원회를 개최하여 우수 종견

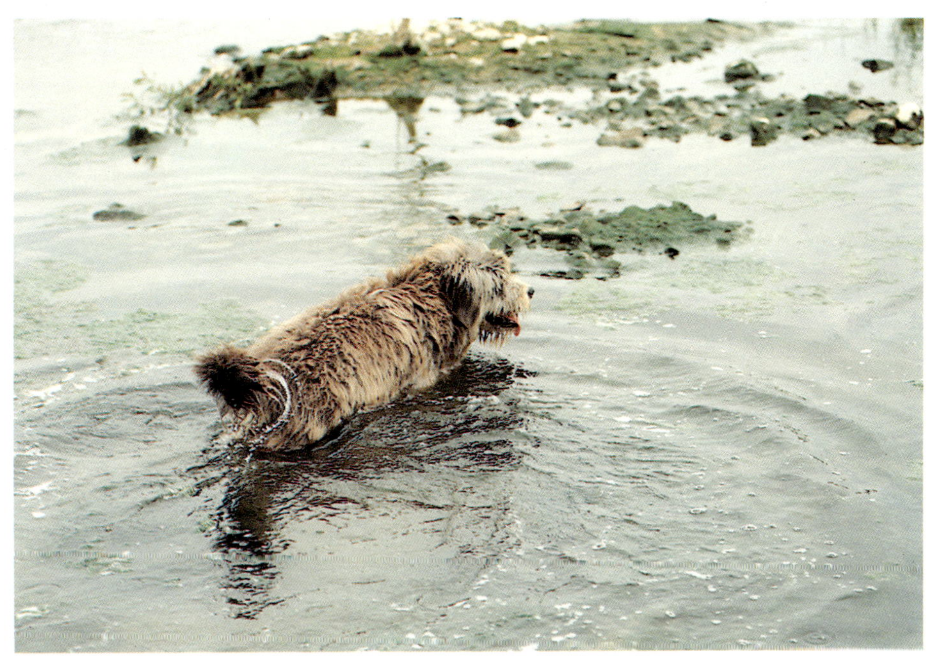
강을 헤엄쳐 건너는 청삽살개

52두를 지정하였다. 현재 삽살개 원종 집단의 보존과 육종 및 관계된 제반 업무는 경북 경산군에 본부를 두고 있는 '사단법인 한국 삽살개 보존회'에서 추진하고 있다.

그러나 최근 삽살개에 관한 언론의 관심과 때를 같이하여 갑자기 나타난 일부 지각없는 견상(犬商)들에 의해 만들어진 출처 미상의 털 긴 개들은 삽살개 혈통 보존 차원에서 염려스러운 일이 아닐 수 없다. 이같은 일들은 진돗개 발전 초창기에도 있었던 일인데 지금도 무분별하게 대량 생산되며 상업성에만 치우친 몇몇 애견 단체에서 혈통서를 발행하고 있는 유래가 불분명한 털 긴 개들은 우리의 전통 삽살개가 아님을 밝힌다.

현대 생물학적 연구 방법에 의한 삽살개 탐구

동물 가운데에서 제일 먼저 가축화된 것이 개라는 데는 이견의 여지가 별로 없다. 개의 선조라고 믿어지는 소형 이리의 분포와 현존하는 화석종들의 증거들을 모아 보면 대체로 서남아시아 어디에서부터 개의 가축화가 이루어진 것으로 믿어지는데 그 연대는 기원전 일만 년 이상까지 거슬러 올라가는 것으로 추정된다.

개의 기원과 이동 경로 등은 문화인류 학자들 사이에서도 상당한 관심사로 등장하는데 이는 모든 인종 집단들이 개를 기르며 인종의 이동에 따라 개가 세계 각지로 이동 분포하게 되었다고 생각되므로 개의 유전적 근연 관계는 인종 집단간의 혈연 관계 연구와 민족 이동 경로 추정에 유용한 정보를 제공해 준다고 믿어지기 때문이다. 그러나 개의 기원, 진화, 혈연 관계 등이 지금까지 많은 관심을 끌었음에도 불구하고 이를 밝혀 낼 만한 연구 방법은 극히 한정되어, 발굴된 개의 유골, 고대 벽화 그리고 현존하는 개들의 형태 비교 등에 의해서만 가능했었다. 그러나 최근 급격히 발달하고 있는 현대 생물학은 개의 기원, 혈통 관계를 밝히는 데 필요한 새롭고 놀라운 연구 방법들을 제공해 주게 되었다.

그 방법들이란 염색체 분석, 유전자 분석, 미토콘드리아 DNA 절편(mitochondria DNA RFLP) 분석, 혈액 단백질(血液 蛋白質) 및 동위효소활성(同位酵素活性) 분석 등인데 지금까지의 연구 방법들이 외형적 결과 분석에 치중한 것에 비해 이 방법들은 내면적 원인 분석에 치중하는 것들이라 하겠다.

현재 유전자와 염색체 분석을 통한 생물종 사이의 혈통, 혈연 연구는 생물학의 전분야와 문화인류학, 박물학 등의 폭넓은 영역에로까지 빠르게 확산되고 있는데 이러한 경향이 세계적인 추세로 정착되고 있다. 개의 혈통, 혈연간의 비교 연구에도 외적 형태만

따지는 기존의 방법도 필요하겠지만 새롭고 확실한 현대 생물학적 방법의 가치가 점점 확대되고 있다.

특히 넓게는 우리 개의 기원이 어디 있으며 어느 시대에 어떠한 민족 이동과 함께 한반도에 유입되었는지의 여부를 밝히는 데, 좁게는 외형적 구분이 불가능한 진돗개 순종과 잡종을 구별해 내는 일에 이르기까지 이 새로운 연구 방법은 앞으로 유용하게 활용될 것이 확실시된다. 이제 이같은 연구의 시작 단계에 막 들어선 삽살개 경우를 예로 들어 현대 생물학적 연구 방법에 대한 탐험을 여러분들과 함께 시도해 보기로 하자.

핵형(核形) 분석

생물 종류마다 세포핵(細胞核) 속에 들어 있는 염색체 개수가 서로 다르다. 사람의 경우 세포핵 하나 속에 있는 염색체 개수는 총 46개이나 침팬지와 고릴라는 48개, 개는 78개, 초파리는 4개, 대상균은 1개이나.

개와 친척 관계에 있는 이리, 재칼, 코요테 등은 모두 개와 동일한 78개 염색체를 가지고 있다. 이와 같은 염색체를 여러 가지 방법으로 염색한 뒤 현미경상에서 잘 관찰해 보면 염색체 위의 검은 그림자 양상이 품종에 따라 다름이 확인된다. 종에 따라 차이가 나는 특이한 양상을 서로 비교해 보면 종(種)과 종 사이의 분화 정도, 유연 관계 등을 추정할 수 있는데 이같은 분석을 핵형(핵의 염색체 형태) 분석이라 한다.

개의 혈관으로부터 약 5시시 정도의 피를 뽑은 뒤 림프구를 따로 분리하여 3일간 배양한다. 배양된 림프구의 염색체를 김사(Gimsa)라는 염료로 처리하여 현미경으로 관찰하는 일반 염색법, 변형된 방법인 C-분염법(分染法), G-분염법, NOR-분염법 등을 여기에서 모두 활용하였다.

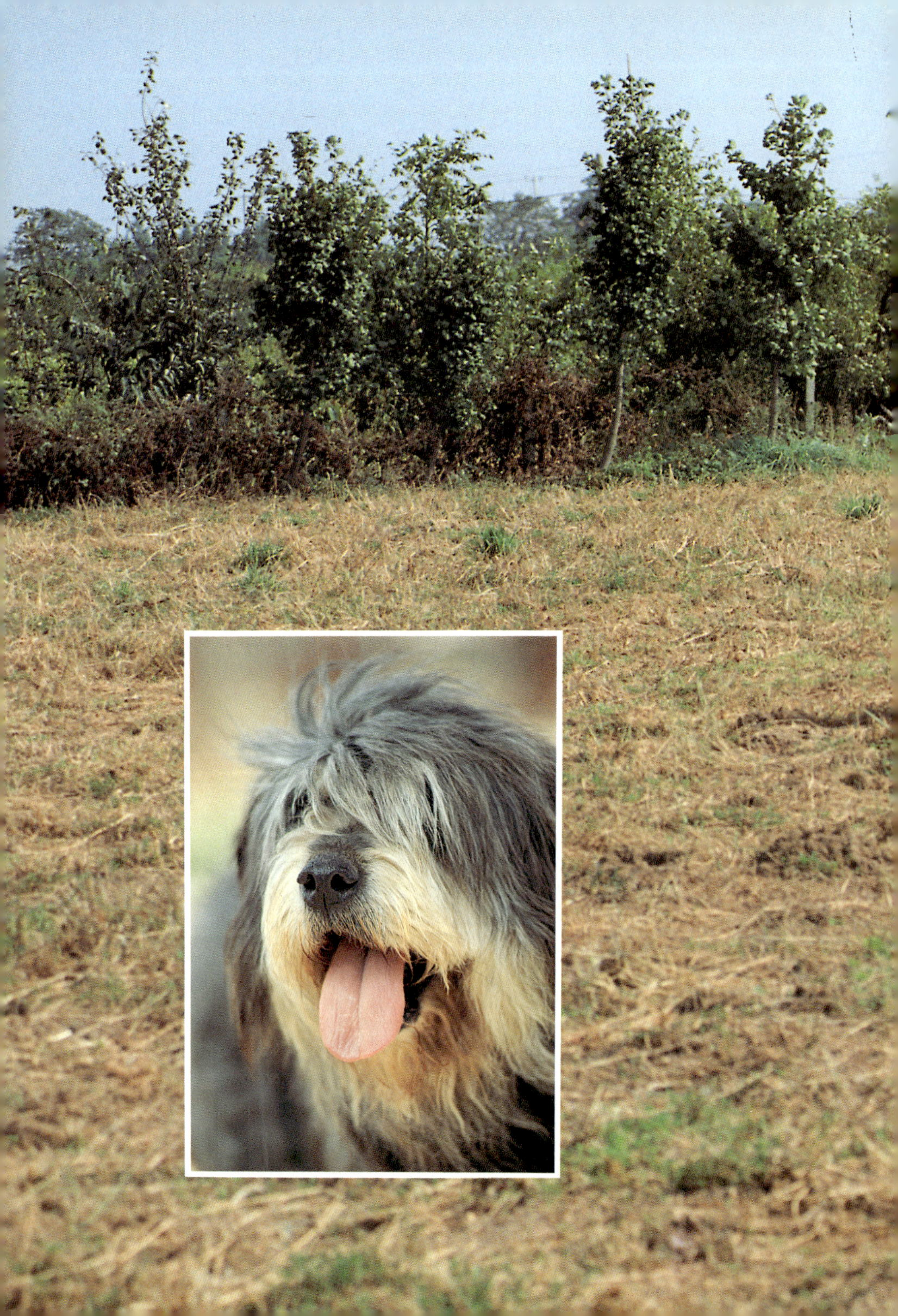

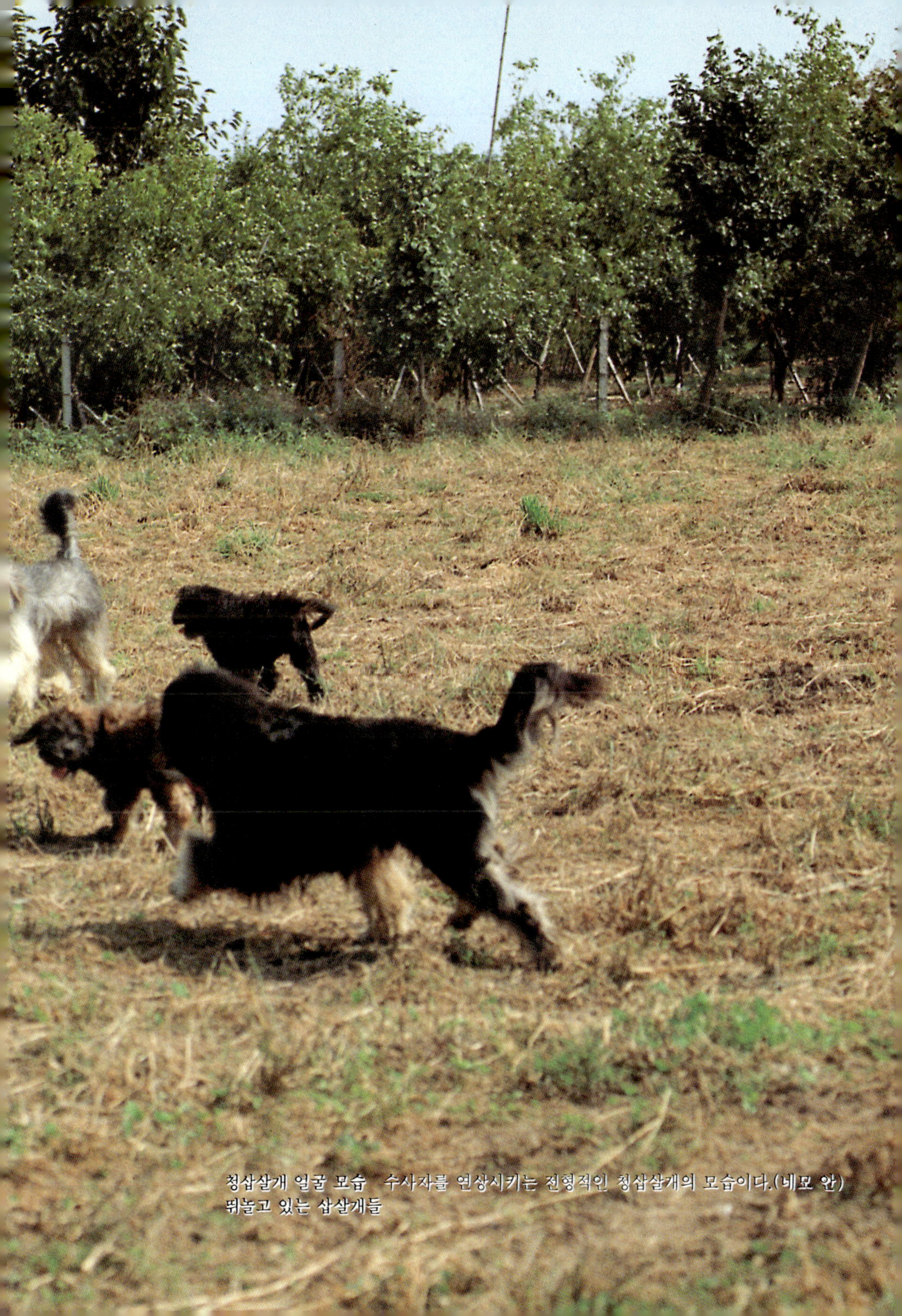

청삽살개 얼굴 모습 수사자를 연상시키는 전형적인 청삽살개의 모습이다.(네모 안)
뛰놀고 있는 삽살개들

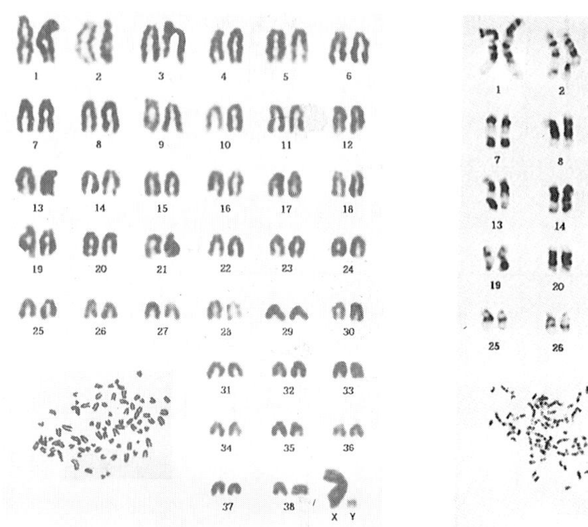 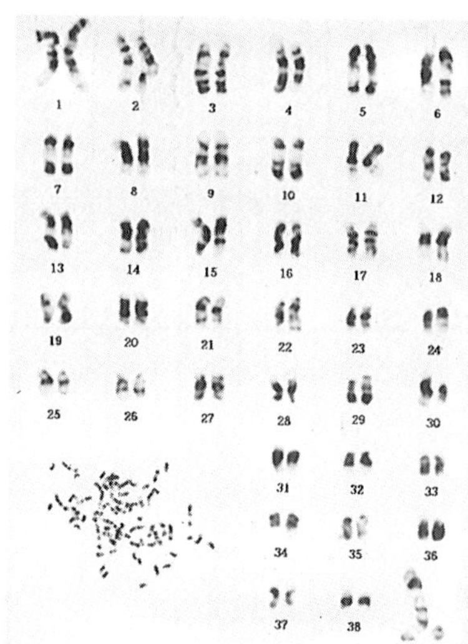

그림 1. 김사(Gimsa) 염색법에 의한 삽살개(♂)의 핵형
그림 2. G-분염법에 의한 삽살개(♂)의 핵형

　　연구 대상은 삽살개, 진돗개, 셰퍼드, 말티즈, 닥스훈트, 골든리트리버 등인데, 일반 염색법에 의한 핵형은 그림 1에 나타나 있듯이 모두 78개로서 쌍을 이루는 38쌍의 상염색체(相染色體)와 짝이 맞지 않는 X와 Y염색체가 각각 1개씩 있었다.

　　일반 염색법에 의해서는 개 품종간에 구별이 되지 않았기 때문에 G-분염법을 시도하여 비교하였다. 비교 연구의 엄밀도를 높이기 위해 파리국제회의 약정에 따라 각각의 핵형도를 작성하여 비교한 바, 삽살개의 결과를 그림 2에 나타내었다. 6품종간에 차이가 확연히 나는 4, 6, 8, 11, 13, 17번 염색체의 비교도상을 그림 3에 나타내었다. 품종에 따라 염색체상의 검은 모양의 분포 방식이 확연히 다름을 확인하게 되었는데 이같은 차이는 앞으로 품종을 확인하는 하나의 지표로 쓰일 수 있을 것이다.

그림 3. G-분염법에 의한 6품종 사이의 핵형 비교도

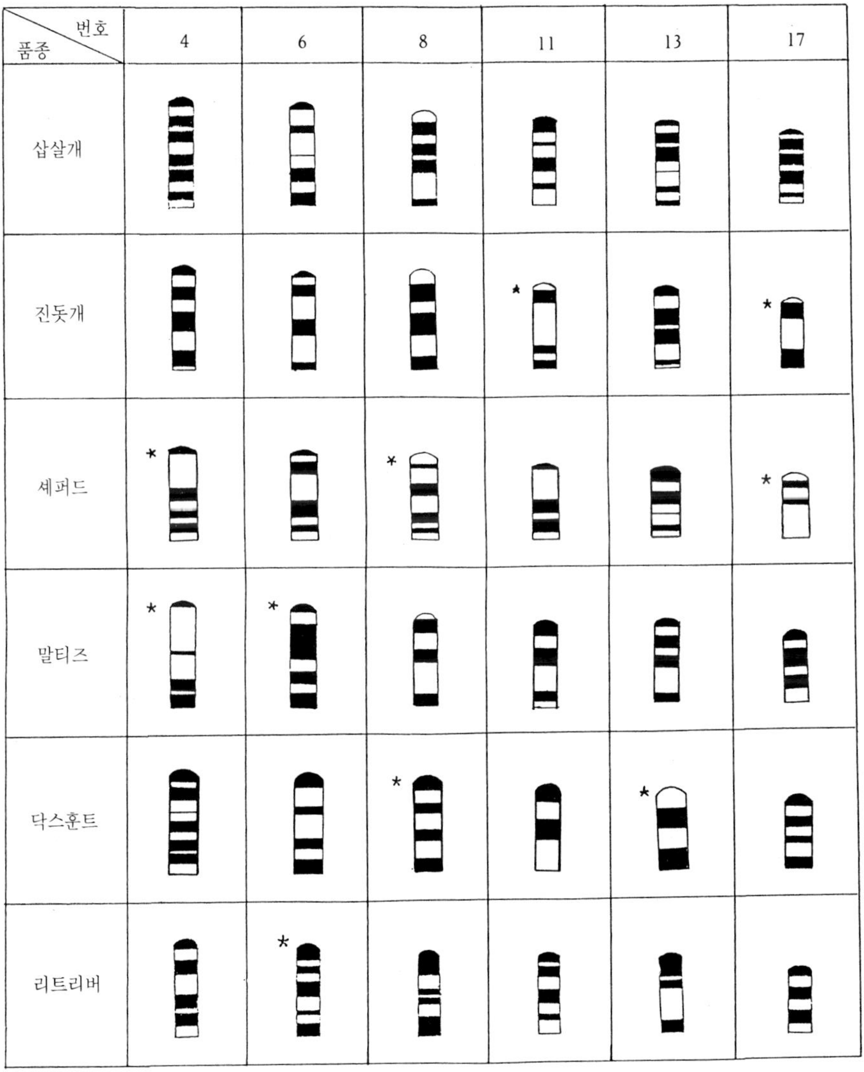

품종 \ 번호	4	6	8	11	13	17
삽살개						
진돗개				*		*
셰퍼드	*		*			*
말티즈	*	*				
닥스훈트			*		*	
리트리버		*				

염색체 78개 속에는 셰퍼드의 경우, 셰퍼드가 되는 데 필요한 모든 유전 정보(情報)가 보관되어 있다. 너무 많은 정보라서 78개 저장고 안에 분산 수용시켜 놓은 셈인데 품종에 따라 저장 순서나 방식에 조금씩 차이가 날 수밖에 없을 것이다.

이러한 차이는 검은 띠 모양과 퍼진 정도의 다름으로 나타나는 것인데 많이 다를수록 친척 관계가 멀어지는 것이라고 유추해 볼 수 있을 것이다. 핵형 분석은 유전자 보관함인 염색체의 외적 형태 특징을 비교함으로써 근원을 알아내려는 연구 방법인데, 미술사가들이 미술품의 여러 가지 특징들로부터 유파나 시대 구분, 작가 등을 알아내는 것과 맥을 같이한다고 볼 수 있겠다.

DNA 지문법에 의한 혈통 분석

겉모습으로 드러난 모든 생물체들의 감추어진 본질은 염색체 속에 숨겨진 유전자들 속에 각인되어 있다. 유전공학이 발달하면서 사람들은 마침내 설계도인 유전자를 염색체 속에서 끄집어 내어 책을 읽듯이 읽어 낼 수 있게 된 것이다.

최근 미국에서는 중서부 지방에 서식하는 붉은 늑대의 보존에 관한 연구의 일환으로 이들 늑대들의 유전자를 분석해 보았다. 놀랍게도 붉은 늑대는 회색 늑대와 코요테의 교잡종(交雜種)임이 판명되었다. 붉은 늑대의 유전자 정보 속에는 그 누구도 이의를 제기할 수 없는 분명한 교잡종의 증거들이 각인되어 있었던 것이다. 교잡종인 붉은 늑대는 더 이상 국가적인 차원에서의 보호 대상이 될 수 없다는 정책적 결론이 난 것은 당연한 귀결이었다.

유전공학의 발달에 힘입어 지극히 빠른 속도로 새로운 분석 기술들이 세상에 선을 보이며 다방면에 이용되고 있다.

이 가운데에서 가장 중요한 기법 가운데 하나인 DNA 지문법은, 1985년 영국의 제프리가 발명한 이래 범죄 감식에 널리 쓰이게 되었는데 미국 FBI에서 공식적인 수사 방법으로 이미 채택되었으며, 우리나라에서도 국립수사연구소 등에서 사용되고 있다.

유전공학적인 방법을 통해 각 개체의 전체 유전자를 조사해 보면 개체마다 특이한 막대 모양의 신호 체계(bar code)가 드러난다. 개체마다 특이하나, 친족 관계가 가까울수록 서로 닮은 바코드를 비교해 봄으로써 친자 확인, 개체 확인, 가계 분석 등이 가능한 DNA 지문법은 삽살개의 집단내 혈통 관계를 파악하는 데 사용되었다. DNA 지문법의 실시 방법과 삽살개에 대한 결과를 개략적으로 설명하면 다음과 같다.

삽살개로부터 유전자를 분리해 내는 데 재료는 무엇이라도 상관없다. 예를 들면 모발 끝에 붙어 있는 모근세포, 입 천장의 상피세포, 조직 일부 또는 혈액 등 어느 것이라도 이용될 수 있는데 대부분의 경우 정맥으로부터 소량의 혈액을 채취하여 사용하였다.

혈액을 실험실에 가져와 몇 단계의 추출 과정을 거쳐 순수한 형태의 DNA(유전자에 대한 화학적 이름)를 정제해 낸다. 정제된 DNA를 제한 효소라는 유전자 가위를 사용해서 자른 뒤 전기영동(電氣泳動) 장치를 활용하여 아가로스 젤(Agarose gel) 위에 분자량에 따라 전개시킨다. 전개된 DNA를 나이트로 셀룰로스(Nitro celluolse)라는 막으로 옮겨 굳힌 뒤 이미 준비해 놓은 방사선 동위원소가 접합된 DNA 탐침과 결합시킨다. 일정 조건에서 일정 시간이 경과한 뒤 DNA 탐침과 결합된 막을 여러 번 잘 씻은 뒤 X-ray 필름과 결합하여 상이 맺히도록 장시간 냉온에 둔다. 여러 품종 개들의 DNA 지문 결과 가운데 삽살개들에 대한 결과를 통계적으로 분석해서 도출된 최종 결론은 그림 4에 실었다.

이 결론에 의하면 청삽살개 집단은 유연 관계는 있으나 계통이 다른 두 가계(家系); (B와 B'그룹)로 이루어져 있으며 황삽살개 집단도 Y와 Y' 그룹으로 구분된다. 황삽살개의 Y와 Y' 그룹은 청삽살개

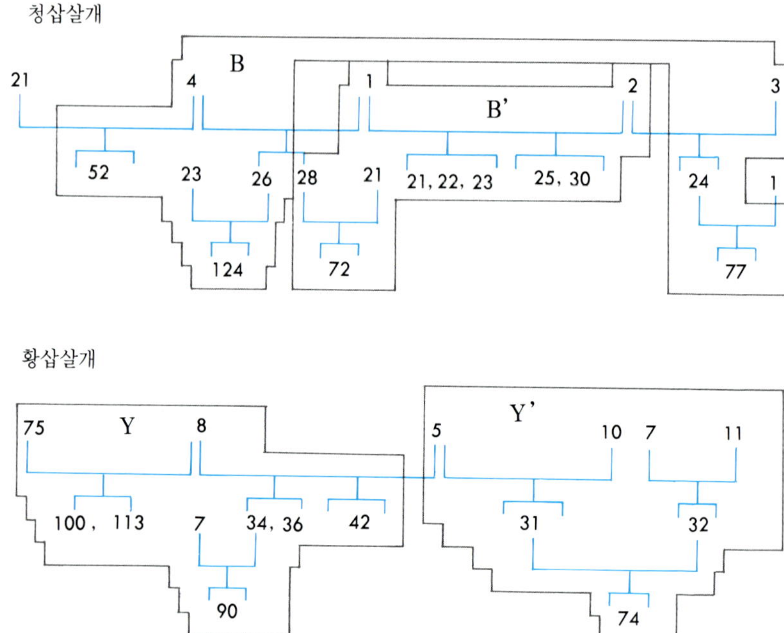

그림 4. DNA 지문 결과의 분석으로 확립된 삽살개의 가계도

그룹간의 유연 관계보다 더 밀접한 혈연 관계를 서로간에 유지하고 있음이 확인되었다. 뿐만 아니라 친자 관계가 불분명했던 몇 가지 경우에 대한 확인이 이루어져서 삽살개 초기 혈통 관계의 체계가 정립되었다. 그러나 앞으로의 육종에 중요하게 쓰일 여러 가지 혈연 관계에 대한 수량적인 내용의 기술은 여기에서 생략한다. DNA 지문 결과로 드러난 삽살개 혈통 체계가 앞으로의 천연기념물 삽살개 번식의 기초 자료로 쓰이게 될 것이다.

미토콘드리아 DNA 분석

집단내의 가계 분석보다 규모가 큰 경우, 예를 들면 품종간의 인척 관계를 따지는 데 쓰이는 적절한 연구 방법은 미토콘드리아 DNA 분석법이다. 최근 인류의 기원에 대한 획기적 이론인 이브가설은 지구상의 여러 인종 집단들의 미토콘드리아 DNA를 분석함으로써 얻어진 결론으로부터 나온 것이다.

이브가설에 의하면 20만 년 전 아프리카에서 살던 작은 인종 집단으로부터 현생 인류의 전부가 뻗어 나왔다고 한다. 연구 방법상의 작은 문제들이나 해석상의 오류들은 지적될지언정 살아 있는 유전자 족보인 미토콘드리아 DNA속에 각인된 기록의 신빙성에 대해 의심하는 사람은 아무도 없다. 종족이나 품종간의 촌수를 알아내는 데는 미토콘드리아 DNA 분석법이 가장 확실한 방법인 것이다. 완벽한 분식 방법은 1만 6천 개의 정보 단위로 구성된 미토콘드리아 DNA 전부를 해독하는 것이나, 관례상 정보 전체를 해독하기보다는 특정 유전자만을 해독하여 비교하거나 제한 효소 절단 부위의 비교만으로도 목적하는 바를 이룰 수 있는 것으로 알려져 있다.

삽살개 경우 8개체 미토콘드리아 DNA의 제한 효소 절단 부위가 조사되었으며 이들에 대한 제한 효소 지도(地圖)가 작성되었다. 이와 함께 진돗개 네 마리, 잡종 토착견 아홉 마리의 제한 효소 절단 부위도 분석했는데 삽살개의 제한 효소 지도는 그림 5에 실었다. 삽살개와 다른 견종들간의 친척 관계는 일본개, 티베트개, 중국개들에 대한 분석이 이루어진 뒤 곧 좀더 많은 개체에 대한 자료가 축적된 뒤에 추정해 보기로 하겠다.

혈액 단백질 분석

고등 생물의 혈액 속에는 수십만 어쩌면 수백만 종류에 이르는 단백질들이 들어 있다. 이들 단백질들은 개체에 따라서 또는 종족에

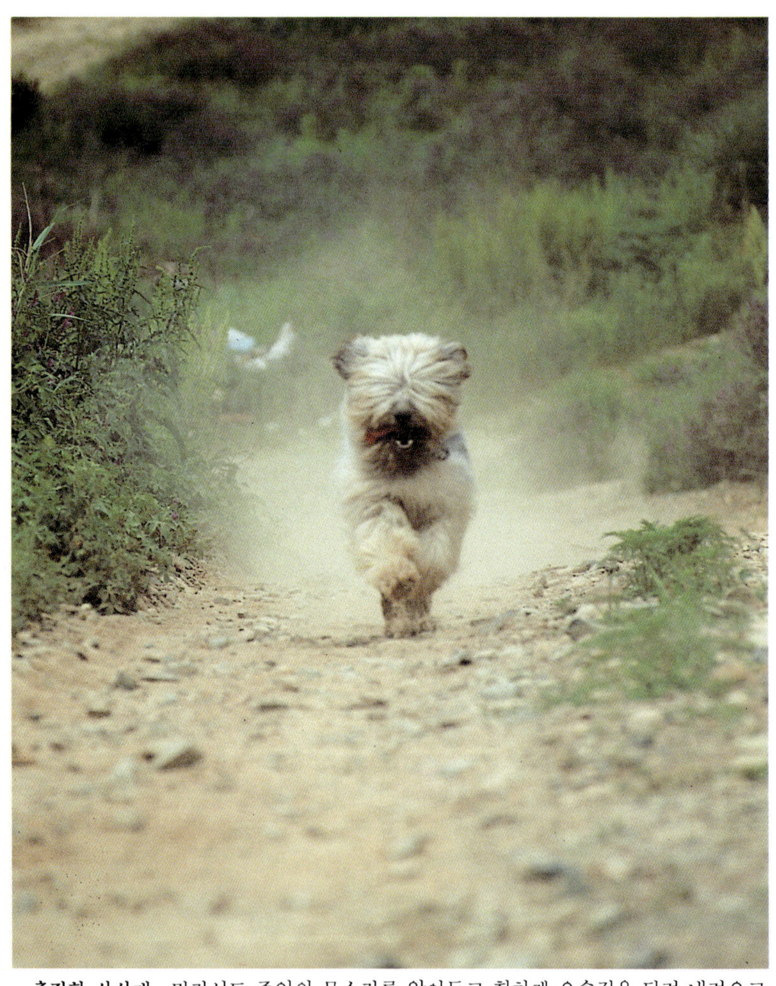

충직한 삽살개 멀리서도 주인의 목소리를 알아듣고 힘차게 오솔길을 달려 내려오고
있다.

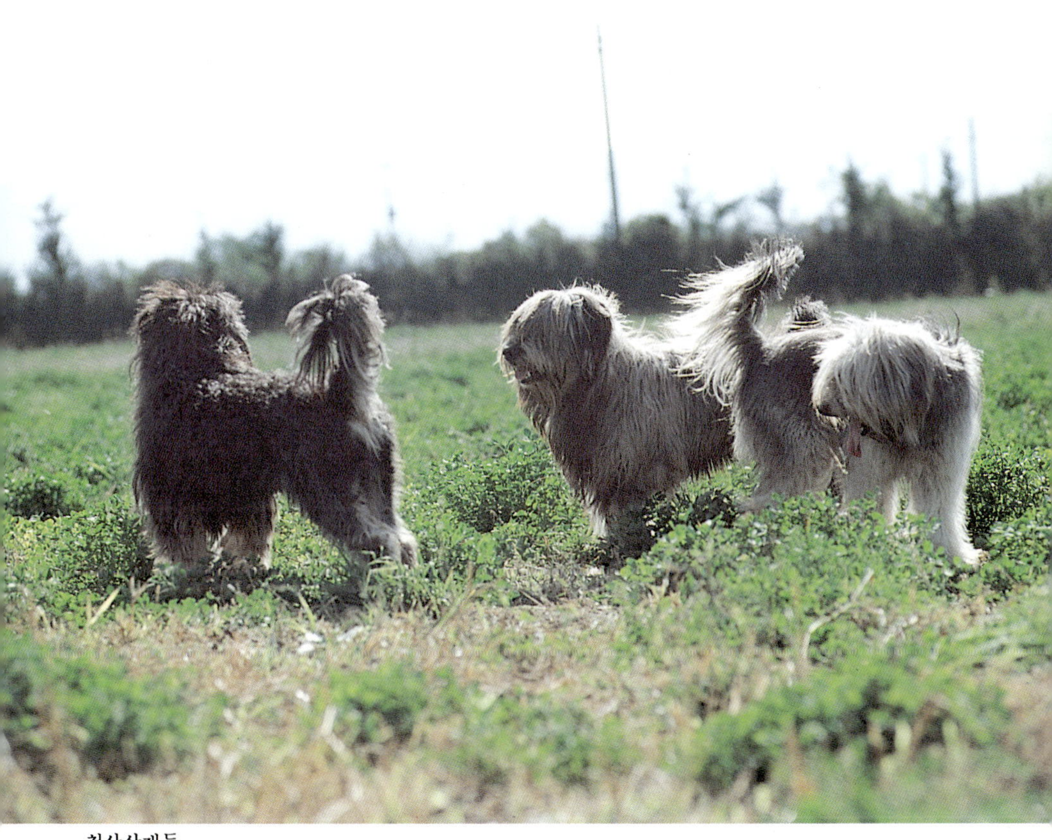

청삽살개들

따라서 그 종류와 형태가 다양하다. 마치 얼굴 모양에 있어서 7천만 한국인 가운데 꼭같은 사람이 없듯이 7천만의 혈액 단백질도 내용에 있어서 모두 다르다. 그러나 같은 아시아인이지만 월남인과 인도인, 한국인을 일견에 구별해 낼 수 있듯이 혈액 단백질도 잘 비교해 보면 종족에 따라서 구분이 되고, 종족 특유의 특징을 추출해 낼 수도 있는 것이다.

혈액 단백질 가운데에 비교적 많은 양으로 들어 있는 수십 종류의 단백질을 여러 가지 방법으로 분리하여 비교함으로써 개 품종간의 특징을 추정해 보고자 많은 사람들이 노력해 왔다.

시몬센이라는 학자는 개, 이리, 재칼의 혈액 단백질 및 효소를 전기 영동이라는 방법을 써서 분리하여 보니 개에서는 21종류의 단백질 가운데 6종류에서만 유전적 다형(多形)이 확인되고 나머지 15종류의 단백질은 모든 개 가운데에서 거의 같음이 확인되었다.

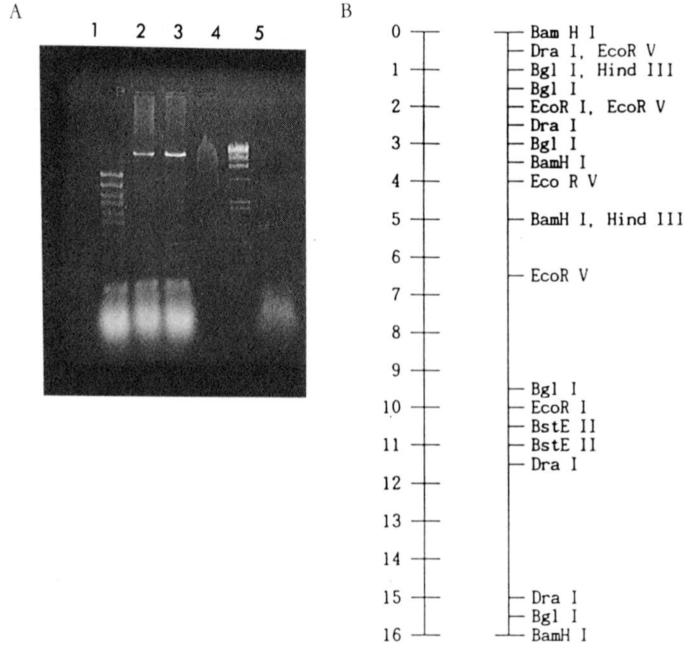

그림 5. A는 제한 효소에 잘린 삽살개 미토콘드리아 DNA. 아가로스 젤 위에서 전기 영동하여 잘린 DNA 분자들이 크기에 따라 눈에 보이도록 처리하였다. B는 A의 결과들을 종합하여 삽살개 미토콘드리아 DNA의 제한 효소 절단 지도를 그린 것이다.

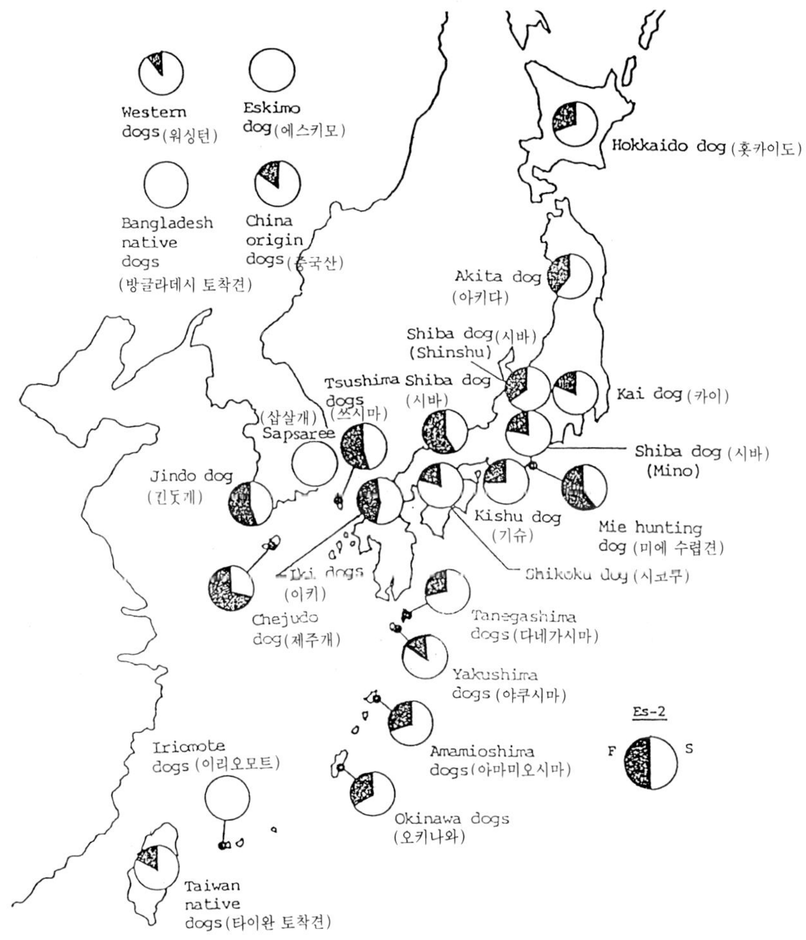

그림 6. 개 적혈구의 에스테라제-2 형질에 따른 분포도

이리의 경우 개와 같은 양상임이 밝혀졌는데 재칼의 경우는 한 가지 종류, 코요테의 경우 3종류에서 개와 다름이 확인되었다. 이런 결과로부터 시몬센은 이리가 개와 가장 근연하며 재칼, 코요테의 순으로 촌수가 점점 멀어진다고 결론지었다.

레온이라는 과학자는 개, 이리, 코요테의 혈청을 토끼에 주사하여 항혈청을 만들어 항원 항체 반응의 정도를 서로 비교한 결과 개는 이리와 코요테의 중간이라는 결론을 얻었다.

여기에서 두 학자가 각각 사용한 방법 곧 전기 영동법과 항혈청법(抗血淸法) 등은 모두가 혈액 단백질을 구분해 보려는 같은 목적의 다른 방법일 뿐이다. 삽살개의 경우 혈액 단백질의 특성을 알아내기 위해서 알려진 거의 모든 방법을 적용하여 연구를 수행하였다.

혈청 단백 전기 영동법, 2차원 면역 전기 영동법, 효소 활성도 및 혈액 단백질 측정, 면역 글로블린(Immuno globulin) 측정, 혈액 세포 분석 등이 행해졌는데, 구체적인 연구 내용과 결과는 전문성을 띠므로 본서에서는 생략하였다. 다만 삽살개, 진돗개, 도베르만에 관한 2차원 면역 전기 영동 결과가 세 품종간에 많은 차이를 내었다. 또한 많은 혈액 단백질 가운데 하나인 적혈구 에스테라제(Esterase)의 종류에 따라 구분되는 아시아권의 개 품종에 대한 자료는 그림 6에 나타내었다. 이 그림 6에 의하면 S형과 F형이 혼합되어 있는 일본개들과 우리나라의 제주개나 진돗개와는 달리 삽살개는 S형만으로 되어 있음을 알 수 있다.

이같은 결과는 삽살개가 이들 주위의 개들과는 다른 유입 경로(流入經路)를 통해 한반도에 정착하게 된 것이 아닐까 하는 추정을 낳게 한다.

체형, 성품 및 훈련 능력

체형 측정치

삽살개 연구 역사도 짧을 뿐만 아니라 계측된 개체수도 적어서 견종 표준으로서의 삽살개 외모 특징을 규정짓기에는 시기가 이른 감이 든다. 그러나 그동안 삽살개, 진돗개, 잡종 토종개, 아키다, 잉글리시쉽독, 그레이트데인에 대한 형태적인 비교 연구가 행해졌는데 계량 형질(計量 形質)의 10가지 특성을 조사하여 품종별 요인(要因) 분석, 체량 형질간의 상관 계수(相關係數) 분석, 집괴(集塊) 분석 등이 시도되었다.

결과에 의하면 삽살개는 다른 한국개 및 외국개 품종들과 주성분 분석에서 잘 분리되었다. 이같은 결론은 외적 형태, 크기, 체형 비율에 있어서 삽살개는 고유의 특징을 지니고 있다는 것을 시사해 주는 것이다. 지금까지 계측된 성견 130두의 체형 측정 평균치는 다음과 같다.

수캐에 있어서 몸높이 52.6센티미터, 몸길이 56.5센티미터, 흉심(胸心) 22.0센티미터, 흉폭(胸幅) 16.4센티미터, 모장(毛長) 17.7센티미터, 몸무게 19.2킬로그램이었고, 암캐에 있어서는 몸높이 49.2센티미터, 몸길이 54.3센티미터, 흉심 21.3센티미터, 흉폭 15.5센티미터, 모장 15.2센티미터 및 몸무게 17.4킬로그램이었다.

전체 외관 및 성품

중형 장모종인 삽살개의 전체적인 외관은 균형이 잘 잡혀 있으며 보기에 당당하면서 우아해야 한다. 수캐는 두상이 커서 수사자를 연상시키는 것이 좋다. 얼굴에 난 긴 털 때문에 주둥이가 비교적 뭉툭하게 보이며 아래로 처진 귀는 털이 길어서 커 보인다. 결손 치아가 거의 없고 견치가 다른 견종에 비해 특이하게 크고 강하나,

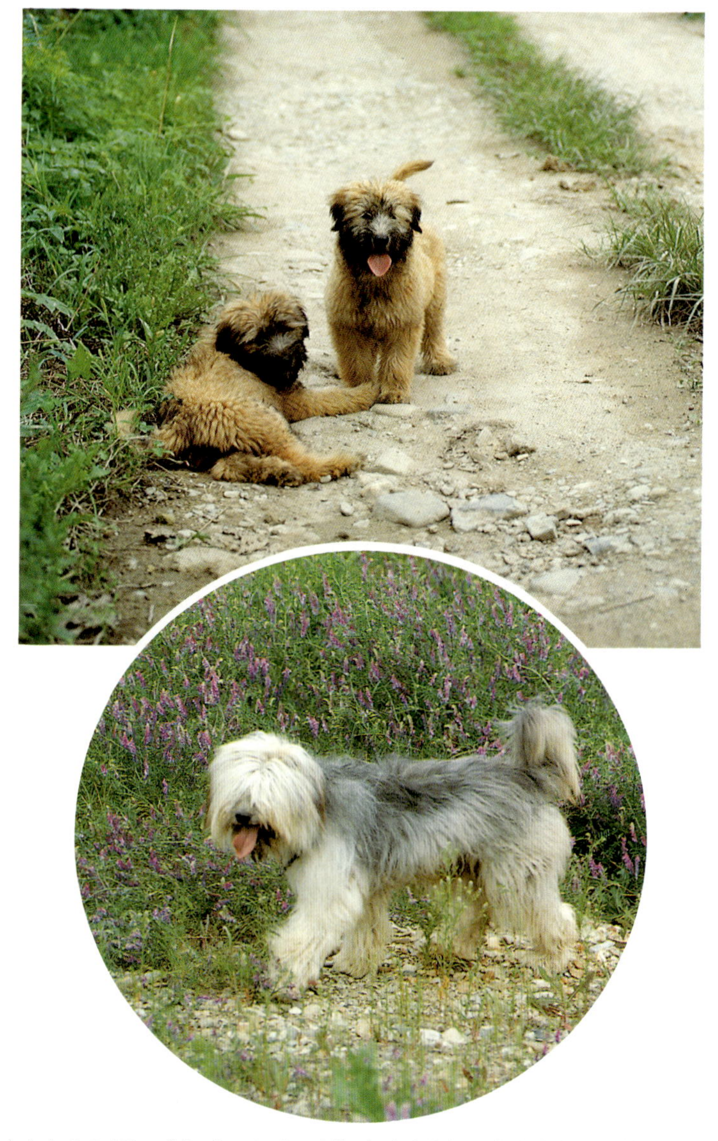

황삽살개 강아지들 짙은 색조를 띤 3개월 된 강아지가 무척 귀엽다.(맨 위)
엷은 색조의 청삽살개(위)

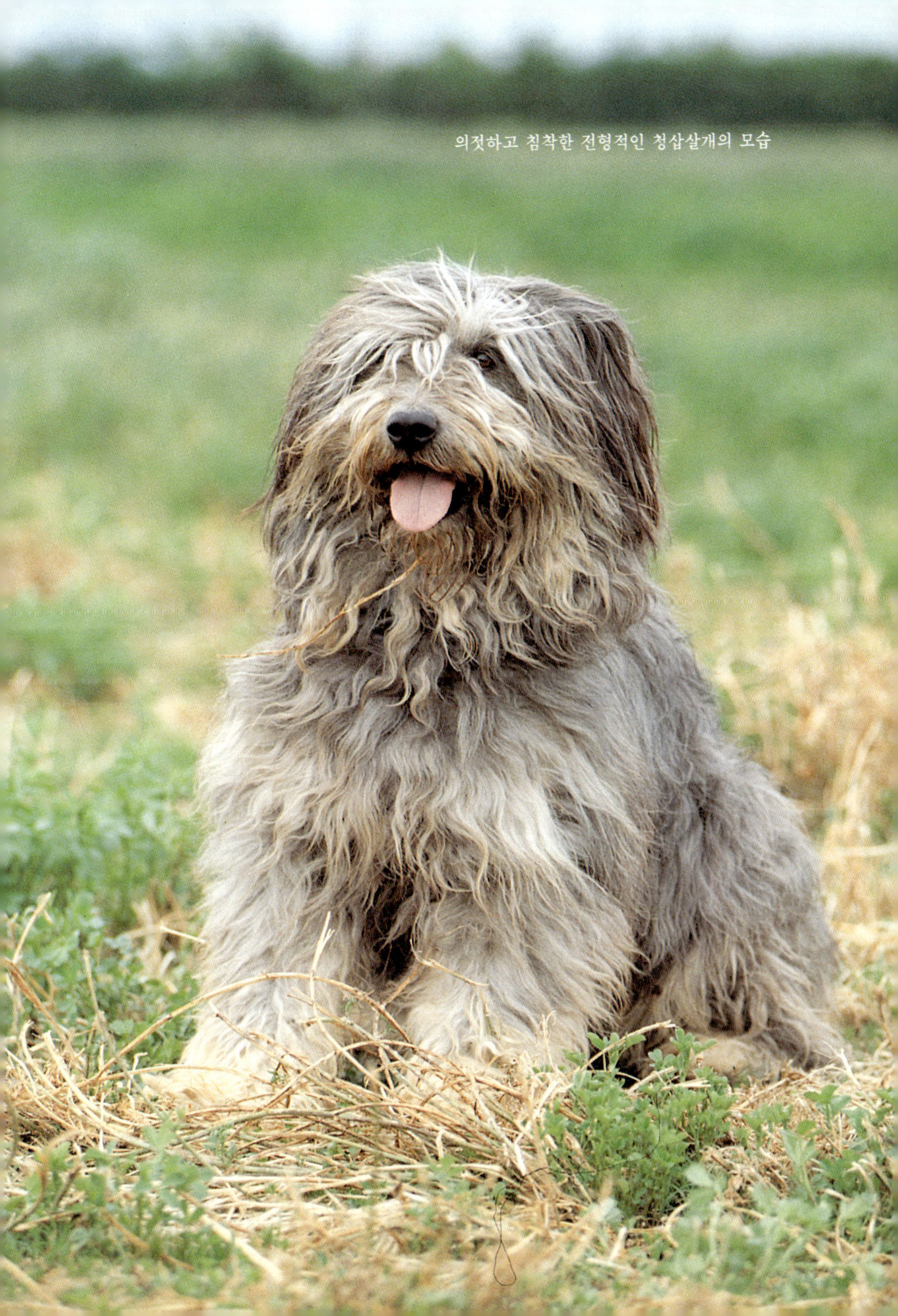
의젓하고 침착한 전형적인 청삽살개의 모습

역교합 또는 절단 교합이 상당한 빈도로 발견된다. 몸체는 튼튼하고 등은 수평이며 발은 털에 싸여 있으므로 굵고 강해 보인다. 꼬리는 보통 위로 올라가는데 선 꼬리 또는 말린 꼬리가 많다.

짖는 소리는 굵은 톤으로 우렁차야 하며 잘 드러나지 않는 눈이지만 농갈색의 눈빛은 주인을 주시하면서 정이 묻어나야 한다. 정적인 면이 있으나 경계심이 강하고 기민하며 사람을 좀처럼 물지 않는다. 주인에 대해서는 깊은 관심을 보이며 충성심이 강하다.

색조 및 모질

삽살개의 전체 색조는 청과 황으로 대별되는데 청은 흑색 바탕에 흰털이 고루 섞여 흑청 또는 흑회색을 띠는 경우를 말한다. 흰색 털이 섞인 것은 청삽살개의 대표적 특징 가운데 하나이나 개체에 따라 섞임 현상의 정도 차가 있다.

몸체 아랫부분의 흰색 또는 황색 털의 분포 범위도 역시 개체에 따라 다르다. 발끝만 희고 온몸이 거의 흑청인 개체로부터 하체의 넓은 면이 밝은 색조로 된 개체에 이르기까지 개인차가 역시 인정된다. 그러나 전신이 단색으로 된 개체는 청삽살개에서는 발견되지 않았다. 황삽살개는 조모(粗毛) 현상이 강하게 드러나지 않으나 색깔 차이말고는 청과 동일하다.

모질은 직모(直毛)와 파상모(波狀毛)가 있으나 파상모의 경우 모발이 비교적 가늘고 색소가 옅어서 청의 경우 흑회보다는 흑청인 개체가 많으며 황의 경우도 역시 담황(淡黃)인 개체가 많다.

훈련 능력

삽살개의 훈련 능력에 대한 공군 제3592부대 군견반의 객관적인 보고 자료에 의하면, 전체적으로 셰퍼드 수준에 준할 정도의 능력을 가진 것으로 평가되었다. 5두에 대한 3주간의 기본 적응 훈련과

4주간의 시험 훈련 결과에 의하면 후각, 청각, 시각, 촉각 등 기본 감각과 명령어에 대한 언어 지각 능력과 이해 수준이 셰퍼드와 거의 비슷한 수준이었으나 훈련에 대한 자발적 태도(의욕)와 공격성 등은 약간 떨어지는 것으로 평가되었다.

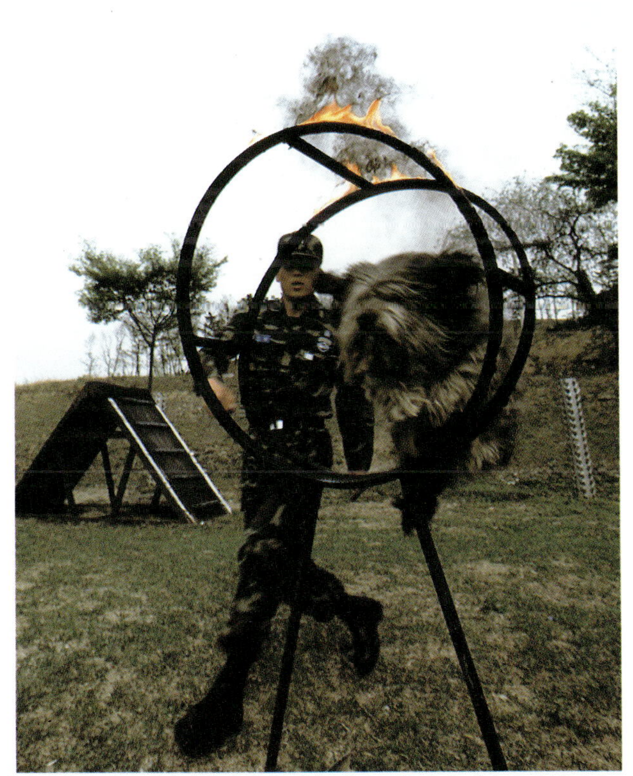

삽살개의 훈련　삽살개의 훈련 능력은 셰퍼드와 거의 비슷한 수준이다.

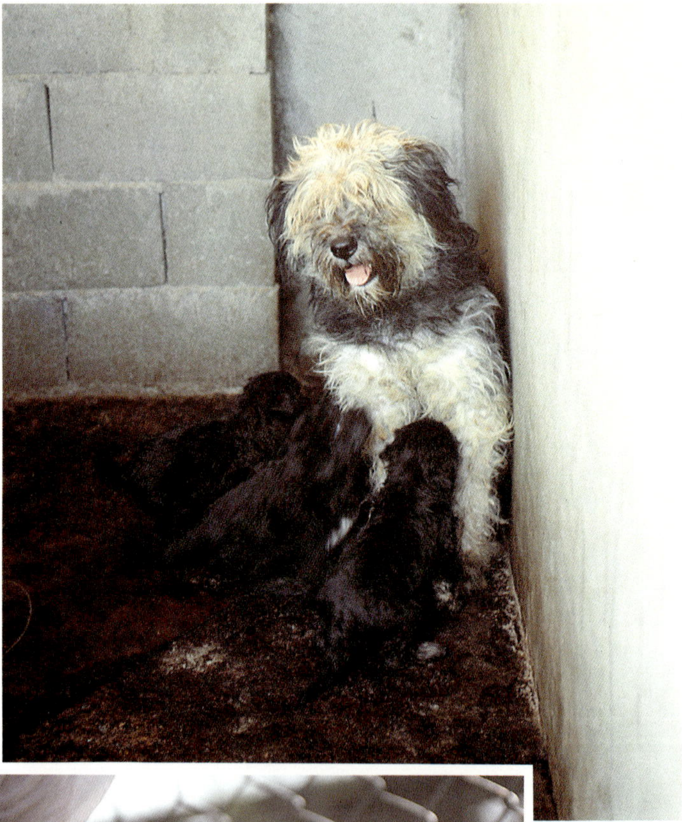

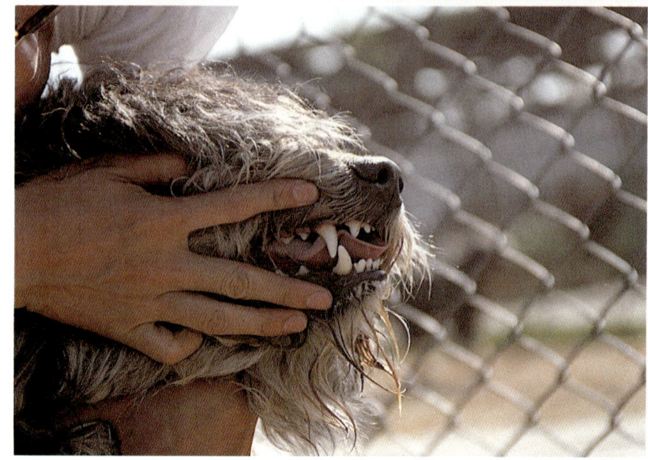

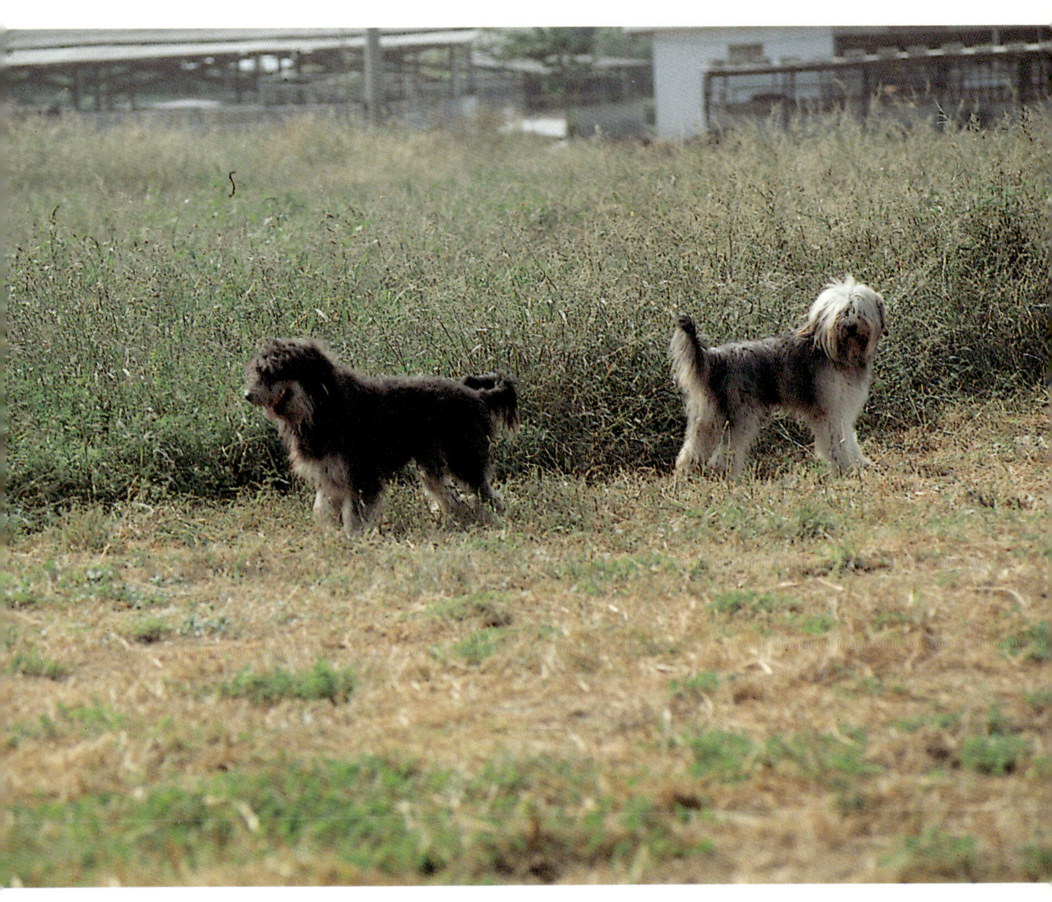

젖을 물리고 있는 삽살개　현재 삽살개는 계획 교배를 통해 우수 혈통의 강아지를 작출해 가고 있다.(옆면 위)

삽살개 이빨　삽살개는 다른 견종에 비해 특이하게 크고 강한 이빨을 가지고 있다. (옆면 아래)

삽살개 체형　삽살개의 몸체는 튼튼하고 수평이며 발은 털에 싸여 있으므로 굵고 강해 보인다. 또한 꼬리는 위로 올라가 서 있거나 말려 있다.(위)

삽살개의 육종 방향

삽살개의 혈통 고정과 이에 따르는 현대화 작업은 오래 된 문헌 탐색과 첨단의 유전학 및 육종학적 연구 방법의 접목을 통해 이루어 내야 할 우리 시대의 흥미롭고도 소중한 과제로 여겨진다. 삽살개에 대한 체형과 성품의 원형을 오래 된 그림과 구전, 옛기록 등에서 찾아 낼 뿐만 아니라, 실질적 자료인 현존하는 200여 두의 삽살개에서 발현된 외형적, 성품적 특징의 진수를 읽어 냄으로써 파악, 설정하여 육종의 지표로 삼고 있다.

200여 두의 원종 집단인 경산 삽살개 가운데에는 좋은 소질을 가진 개체들이 많이 있다. 지능면에서 셰퍼드 못지않은 영리한 삽살개, 크고 잘 생겼으며 달릴 때는 마치 큰 사자 같은 느낌이 드는 우람한 삽살개, 주인을 보면 그 깊은 정을 온몸과 눈빛에 넘치도록 표현해 내는 정 많은 삽살개, 그러나 아직은 좋은 소질을 모두 갖춘 명견은 흔치 않은데 육종의 제일 목표는 집단이 가지고 있는 가능한 모든 유전인자들을 표현케 하는 것이다. 곧 서둘러 한두 면만 보고 도태시키지 않고 여러 상황에서 이들이 어떻게 나타나는지를 잘 관찰하여 보존하는 것이다.

두번째 단계는, 장점을 고루 갖춘 명견을 선택한 뒤 계획 교배를 통해 많이 만들어 내는 것인데, 좋은 유전 형질의 분리가 잘 일어나지 않는 곧 혈통 고정이 잘 된 삽살개를 꾸준히 작출해 내는 것이 그 목표가 된다. 그러나 좋은 개를 만들어 내는 것만큼 중요한 일은 집단내 잔존하는 좋지 못한 유전인자를 가능한 한 빠른 기간 안에 충분히 제거하는 것이다.

사실 개의 용도에 따라 또는 육종가의 관점과 기준에 따라 좋고 나쁜 유전 형질에 대한 정의가 달라질 수 있는데 필자는 지금까지 컴페니언 도그(companion dog)로 삽살개의 육종 방향을 설정하고

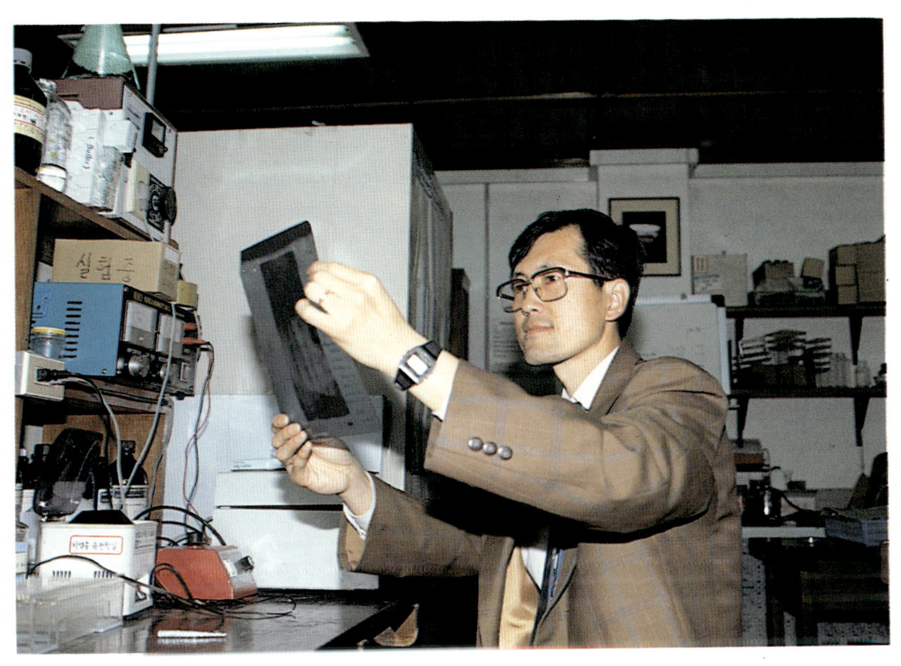

삽살개의 육종 방향 합리적인 집단 사육과 첨단 유전 공학의 다양한 연구 방법 활용으로 과학적인 육종이 추진되고 있다. 삽살개 DNA 지문을 살펴보고 있는 필자 모습이다.

있다. 앞으로의 산업, 기술 사회가 요구하는 개는 아마도 가족과 사랑을 나눌 수 있는 개일 것이다. 그 개가 진정한 우리 옛 개의 후손이며, 된장국 정서에 딱 들어맞는 개라면 그 이상 무엇이 필요하겠는가 하는 것이 필자의 생각이다. 각박한 과학 기술 문명이 세계를 지배하는 이 시대에 가장 필요한 개는 정 많은 친구로서의 가정견이 아닌가 한다.

삽살개 사육 경험에 의하면 집단내에는 좋은 사냥개의 소질을 가진 개도 다수 있는 것 같다(개를 데리고 멧돼지를 전문으로 사냥하는 사냥꾼들이 삽살개 여러 마리를 다루어 본 뒤 멧돼지 사냥용으로 아주 우수한 소질을 가진 개가 여러 마리 있다고 결론을 내린 바 있다). 싸움 잘하는 삽살개도 있으며, 삽살개 훈련을 담당했던 군견반에서는 삽살개가 군견이나 경비견으로서의 가능성도 있다고 한다. 어쩌면 맹도견이나 마약 탐지견 같은 특수 용도에 적합한 소질을 가진 개도 있을 것이다. 삽살개를 이같이 특별한 용도로 키워 내는 것은 앞으로 삽살개를 사랑할 후배 애견가, 육종가들이 하여야 할 일로 남겨 둘 작정이다.

예술가의 심미안, 엄격한 과학 정신, 육종가의 끈기 그리고 무엇보다 중요한 조건인 사랑의 눈으로 개를 볼 줄 아는 마음과 안목을 지닌 애견가들이 많이 나와서 삽살개를 세계인의 개로 키워 내리라 확신한다. 아직은 더덕더덕 흙과 진드기가 묻은 원광석에 불과하지만 삽살개는 여러 가지 가능성을 지닌 흙 속의 보물임에 틀림없다.

진돗개

진돗개의 유래와 보호 과정

진돗개의 유래는 한국 토종개의 유래와 마찬가지로 문헌상의 근거는 아직까지 발견되지 못했다. 다만 아주 오래 전부터 입에서 입으로 전해져 내려오는 진돗개의 유래에 관한 다음의 몇 가지 설이 있다.

송(宋)나라 표류견설(漂流犬說)

중국의 송은 서기 960년에 건국해 1279년까지 이끌어 온 왕조이다. 이 나라는 무(武)보다 문(文)을 숭상했기 때문에 여러 가지 문화가 발달되었다. 우리나라 남해안과의 교역도 활발했는데 전라남도 강진, 해남 등지에 송나라 사람들이 이민을 와 살았다고도 한다. 따라서 이들이 데리고 온 자기 나라의 개들이 진도로 흘러들어갔을 가능성이 있다. 그러나 구전으로는 진도 근처를 지나던 송의 교역선이 풍랑을 만나 침몰하여 이 배에 실려 있던 개가 헤엄쳐 진도로 건너와 진돗개의 선조가 되었다고도 전한다.

몽고견설(蒙古犬說)

고려 원종 때 강화에서 진도까지 내려와 몽고군과 결사 항쟁하던 삼별초군을 토벌하기 위해 온 몽고군의 개들이 진도에 남아 진돗개의 선조가 되었다는 설이다. 몽고는 진도에 말을 기르기 위한 목장을 설치했는데 목양견(牧養犬)으로 데리고 온 몽고의 개들이 진돗개의 조상이라는 것이다. 이와 함께 당시 몽고군은 삼별초군의 가족은 물론, 진도의 도민들까지도 몽고로 데려가 노예로 삼았던 사실이 있었다. 이때 끌려간 이들은 1년이 지나 본국으로 되돌아오기 시작했는데 이들 가운데 몽고의 개들을 가지고 온 사람도 있을 수 있겠고, 그 개들이 진도에 자손을 퍼뜨렸을 가능성도 생각해 볼 수 있다.

조선조 군마 목장용 몽고견 수입설

조선조 초기에 진도군 지산면에 군마 육성 목장을 설치하고 그 목장에서 번견으로 사용하기 위하여 몽고로부터 개를 수입해 그 개가 진돗개의 시조가 되었다는 설이다.

전통 토종개설

구전으로 내려오는 진돗개의 기원은 거의 중국이나 몽고로부터 유입되었다는 설이 지배적이나, 한편에서는 석기 시대 때부터 길러지던 전통 토종개가 진도의 기후와 풍토에 적응해서 토착견으로 정립됐다는 주장도 있다. 그리고 몽고로부터 들어온 개와 우리나라 토종개의 교잡이 있었으나 몽고와의 왕래가 있기 전부터 우리나라에 존재해 온 한국 고유견의 한 종이라는 주장 또한 있다.

일본개에 큰 영향 미친 진돗개

백제시대 우리나라의 우수한 사냥개들이 일본으로 많이 건너갔다

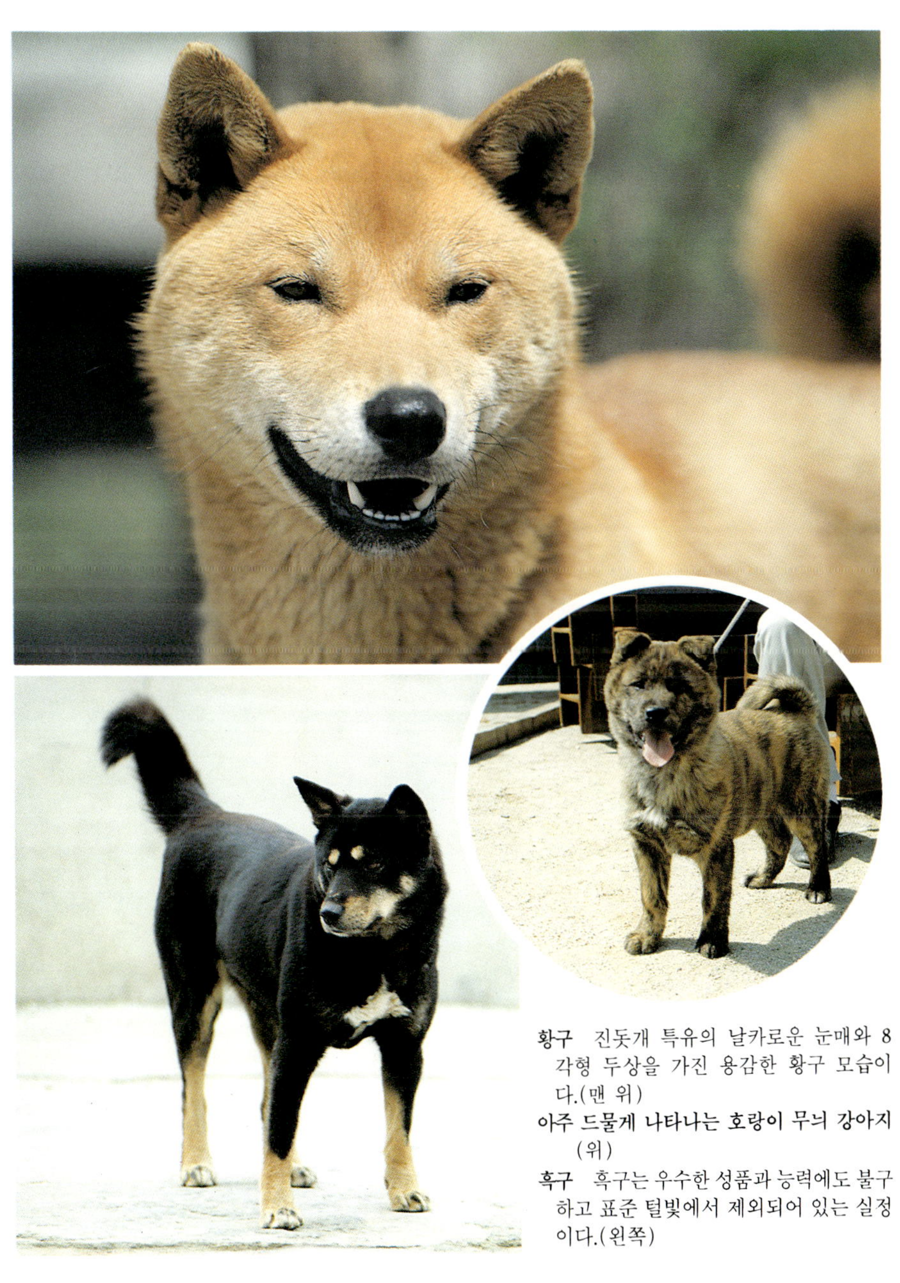

황구 진돗개 특유의 날카로운 눈매와 8
각형 두상을 가진 용감한 황구 모습이
다.(맨 위)
아주 드물게 나타나는 호랑이 무늬 강아지
(위)
흑구 흑구는 우수한 성품과 능력에도 불구
하고 표준 털빛에서 제외되어 있는 실정
이다.(왼쪽)

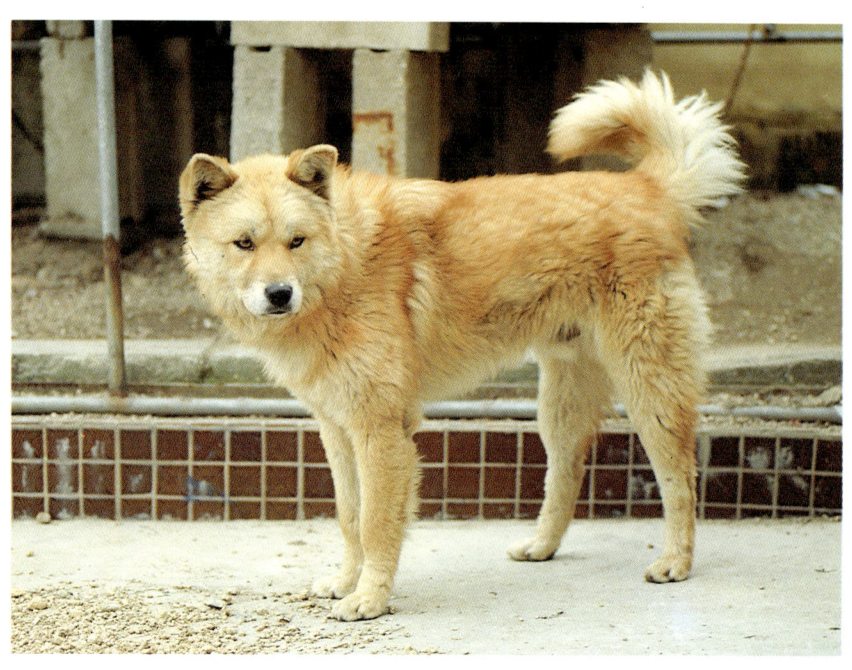

털이 긴 장모종 황구(위)
털이 긴 장모종 백구(오른쪽)

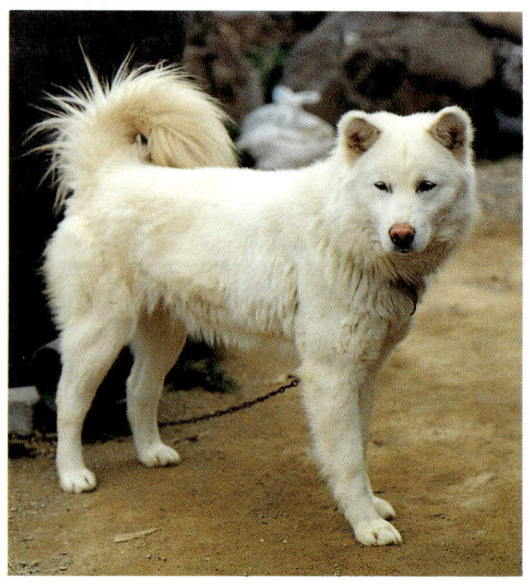

는 사실은 여러 가지 문헌에서도 나타나 있다. 일본에는 아키다, 시바, 기슈, 홋카이도, 시코쿠 개 등의 여러 가지 토종개가 있는데 그 생김새들은 크기에서 약간 차이가 있지만 진돗개와 거의 흡사한 모습을 가지고 있다. 여러 가지 정황으로 보아 일본 토종개들의 선조는 진돗개가 거의 확실하나, 일본인들 가운데에는 아전인수격으로 일본개의 후손이 진돗개라고 주장하는 사람들도 있다. 앞으로 진돗개에 관한 연구를 위해서는 일본개들의 역사와 선조를 심도 있게 추적하는 작업도 병행되어야 할 것이다.

천연기념물 지정 경위

일제 강점하인 1936년 경성제국대학 예과 교수이던 일본인 모리(森爲三)는 조선총독부의 시학위원(視學委員)으로 위촉을 받아 광주에 출장을 오게 됐다. 그는 그곳에서 진도에 사냥을 잘하는 토종개가 있다는 얘기를 듣고 관심을 가지게 되었다.

다음해인 1937년 2월 모리는 진도에 가서 당시 신노 군수이던 문동호(文東鎬) 씨의 주선으로 군내면과 지산면의 진돗개를 조사하였다. 그 결과 그는 한국의 고유견이 진도에 비교적 순수하게 남아 있고 그 성능도 대단히 우수하다는 것을 알게 되었다. 모리 교수는 진돗개에 대한 조사 보고서를 작성해 1937년 '조선 보물고적명승 천연기념물 보존령'에 제출하였다. 그리하여 1938년 5월 3일 진돗개는 한국 특유의 축양 동물(畜養動物)이라는 조항에 의하여 천연기념물 제53호로 지정되고, 같은 날 조선총독부 관보 제3385호 호외에 고시번호 393호로 고시되었다.

부끄러운 것은 진돗개가 우리의 손이 아닌 일본인에 의해 천연기념물로 지정받았다는 점과 또 하나 진돗개를 천연기념물로 지정하게 된 배경에는 일본개와 닮은 진돗개를 내선일체(內鮮一體)의 학술 자료로 삼기 위한 의도가 있었다는 것이다.

천연기념물로 지정받은 진돗개는 등록과 심사를 통해 잡견과 견표를 달지 않은 개는 도태시켰다. 또한 외부로의 반출을 막고 다른 품종과의 혼혈을 방지하였다. 당시 조선총독부 학무국에는 진돗개 보호 사업에 연 3원 정도의 보조금을 지급하기도 했으나 잡종견이라는 명목으로 매년 많은 수의 우수 진돗개가 외부로 반출되었다고 한다. 당시 진돗개의 심사 표준은 일본 토종개 가운데 중형견인 기슈개(紀州犬)를 참고했다.

해방 뒤의 진돗개 보호

8·15 해방으로 독립을 맞이한 신생 독립 국가는 미처 진돗개에까지 관심을 가질 여유가 없었다. 거기에다 6·25 전쟁이 일어남으로써 진돗개는 사실상 방치 상태에 놓이게 돼 멸종 위기를 맞게 되었다.

1952년 2월 17일 제주도 육군 제1훈련소를 돌아보고 귀국하던 이승만 대통령은 진도에 새 훈련장 건설 여부를 알아보려는 목적으로 진도에 들렀다. 이때 이 대통령은 진돗개에 관한 애기를 듣고는 보호에 힘쓰라는 지시와 함께 5백만 환을 지원해 주었다.

대통령의 이 말 한마디는 육지에서 더 큰 반응을 일으켜 진도에서는 미처 보호 대책을 세우기도 전에 육지에서의 극심한 밀반출을 초래했다. 서울에서는 종로 종각 옆을 비롯하여 여러 곳에 진돗개 판매소가 생겼고, 진돗개 분양의 신문 광고도 눈에 띄기 시작했다.

1962년에는 그동안 일제 시대에 제정된 '조선 보물고적명승 천연기념물 보존령'을 폐지하고 새로이 '문화재보호법(법률 제961호)'을 제정, 공포하면서 진돗개는 우리 법률의 규제 대상이 되었다.

1967년 1월 16일에는 진도 출신 국회의원 이남준 의원 외 35명의 동의를 얻어 '한국 진도견 보호육성법'이라는 특별법이 제정됨으로써 진돗개의 보호 육성이 미력하나마 제자리를 찾기 시작했다. 그리고 다음해인 1968년 89명의 발기로 진도에 한국 진도견 보육 협동조합이 설립됐다.

1970년대 들어 서울 지역에 진돗개 애견가들이 부쩍 늘어나면서 1971년 9월 5일 서울에서 사단법인 '한국 진도견 보호협회'가 설립되어 대대적인 전람회를 개최하는 등 많은 진돗개 애호가들의 구심점이 되었다.

1977년에는 진도에서 처음으로 진돗개 품평회를 열어 진도군 의신면 돈지리 박영상 씨의 3년생 수컷 황구 '찐'이 챔피언으로 뽑혔고 이후 지금까지 진돗개 품평회가 열리고 있다(현재는 2년에 한 번씩 열린다). 현재 진돗개는 과거의 멸종 위기에서 완전히 벗어나 있긴 하지만 앞으로의 과제는 얼마나 많은 우수 혈통견을 확보하느냐와 진돗개의 고유 품성을 어떤 식으로 개발해 나가느냐에 대한 과학적이고 합리적인 육종 방안의 확립이다.

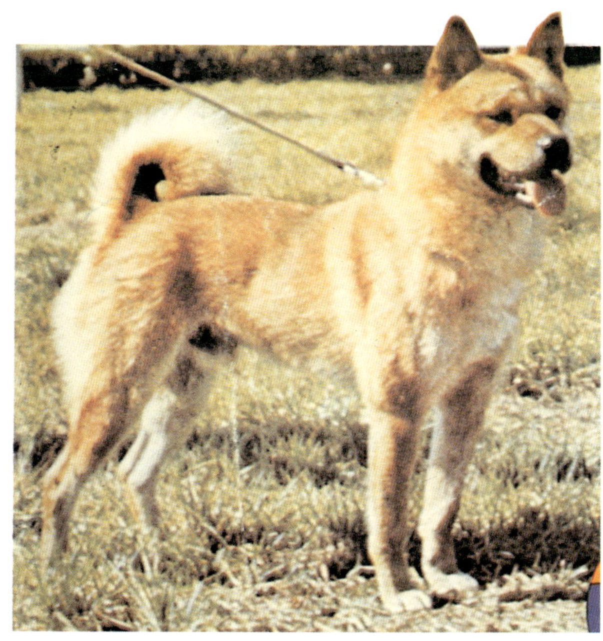

악돌이 1970년대 서울에서 종견으로 크게 인기를 끌었던 이 개는 1972년생으로 1974년 진도견보호협회 주최 품평회에서 최우수견으로 선정되었다.

진돗개의 표준 체형

일반 외모

진돗개의 외모에서 가장 중요한 것은 몸체의 균형이다. 몸체의 균형이란 몸의 각 부분의 올바른 균형을 말하는 것이다. 흔히 머리가 작다, 귀가 크다, 가슴이 좁다, 다리가 가늘다, 이마가 좁다, 주둥이가 너무 길다 하는 말들은 모두 균형이 잡혀 있지 않다는 뜻이다. 그리고 외모로도 암·수의 구별이 확실하다. 수컷은 몸의 골격 구성에서 수컷다운 강함을 보여 줘야 하고 암컷은 수컷에 비해 부드러움을 느끼게 해야 한다. 키는 수컷이 45 내지 58센티미터, 암컷이 43 내지 53센티미터이다.

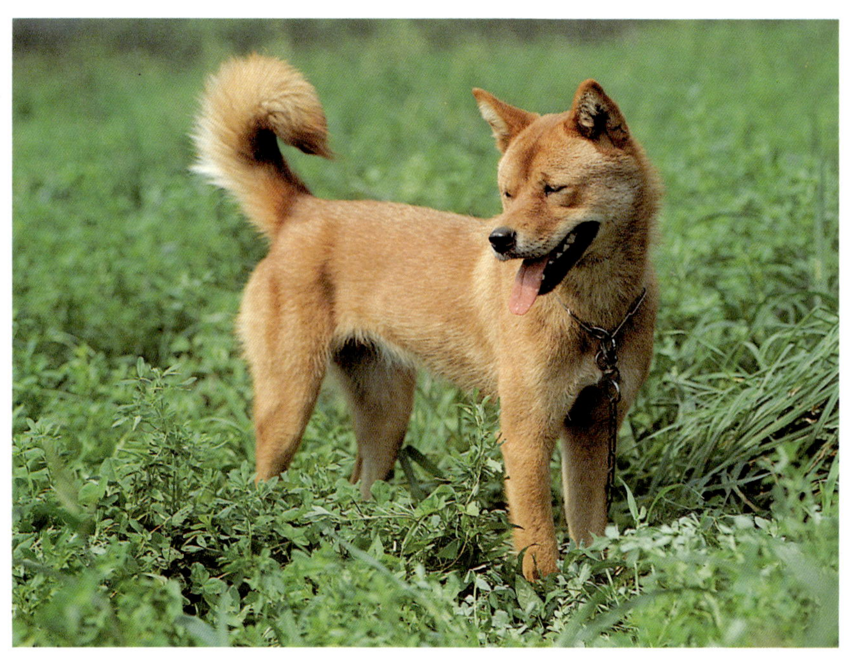

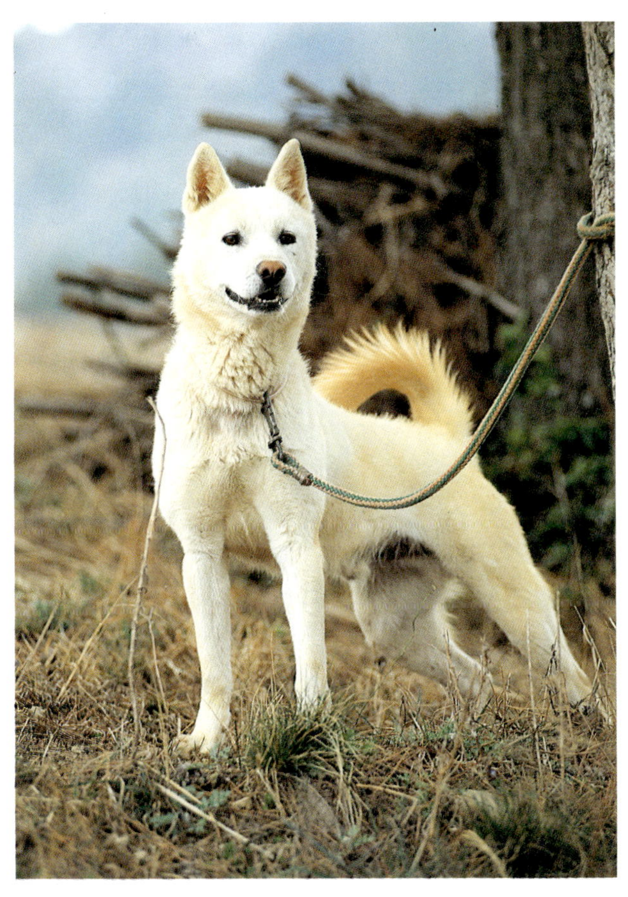

진돗개의 수컷　수컷다운 강인함을 풍기는 백구로서 1992년 진도의 진돗개 품평회에
서 최우수 백구로 뽑힌 개이다.(위)

진돗개 암컷　암컷은 수컷에 비해 몸의 골격이 부드럽다.(옆면)

머리

앞에서 볼 때 거의 역삼각형이나 팔각형을 이루어야 한다. 귀와 귀 사이가 멀면 멀수록 더욱 또렷한 역삼각형을 이루는데 이런 개가 높이 평가된다. 팔각형으로 보이는 진돗개는 주둥이가 짧고 뺨이 벌어진 개들이 대개 그렇게 보인다. 표정은 긴장감 있는 예민한 모습이어야 한다.

귀

귀는 비교적 작고 삼각형을 이루며 서 있고 앞으로 약간 기울어져 있어야 한다. 어릴 때는 대부분 귀가 서지 않으나 생후 4, 5개월이 넘으면 서서히 올라가 서게 된다.

눈

눈의 빛깔은 일반적으로 농갈색을 띠며 백색 개의 경우 홍채(虹彩)가 회청색을 띠는 경우가 많다. 눈의 모습은 삼각 형태로 눈꼬리가 위쪽으로 올라가고 눈이 작은 것이 좋다.

코

검은색을 원칙으로 한다. 그러나 백구의 경우 회색빛을 띠어도 무방하다.

입술과 치아

겉입술의 빛깔은 짙은 보라색을 띠며 구열이 깊어야 한다. 이는 튼튼하고 결치가 없어야 하며 턱의 교합이 정상 교합이어야 한다.

다리

앞다리는 강하고 곧게 뻗어 있어야 하며 탄력성이 있어야 한다.

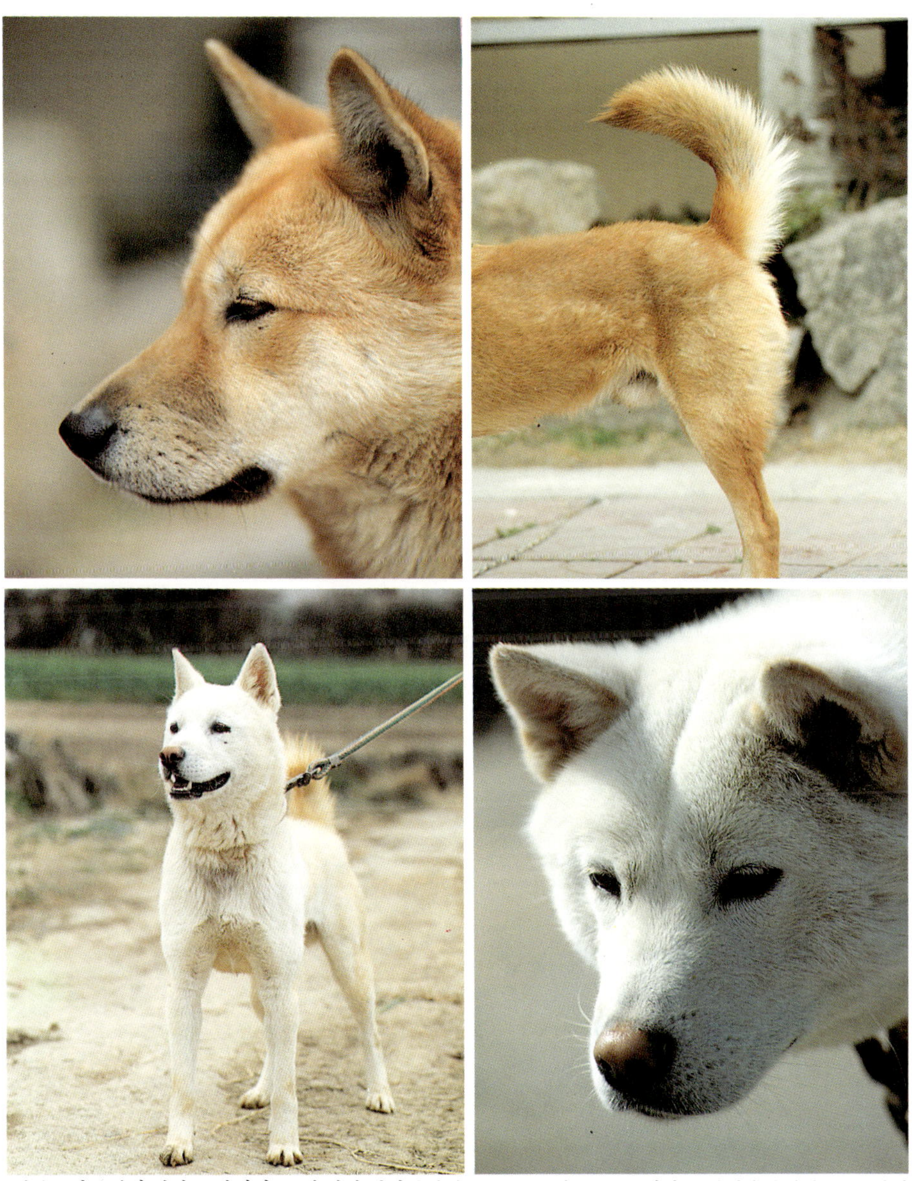

머리 진돗개의 머리는 앞에서 볼 때 거의 역삼각형이
  나 팔각형을 이룬다.(맨 위)
가슴 가슴은 잘 발달돼 있고 충분히 벌어져야 한다.
  (위)

꼬리 꼬리는 굵고 힘차게 말아올리거나 들려 있어
  야 한다.(맨 위)
귀 삼각형으로 앞으로 약간 기울어져 있다.(위)

뒷다리는 다른 개 종류에 비해 마디가 굽지 않고 힘차게 딛고 있어
야 한다.

등과 가슴

등은 곧아야 하며 어깨로부터 엉덩이 쪽으로 약간의 경사를 이루
어야 한다. 걸을 때 등이 좌우로 움직임이 있는 개는 근육이 정상적
으로 발달되지 못한 개이다.

가슴은 잘 발달돼 있고 충분하게 벌어져 있어야 한다.

꼬리

진돗개의 꼬리는 진돗개를 상징하는 마크라 할 수 있다. 꼬리는
굵고 힘차게 말아 올리거나 들려 있어야 하며 꼬리의 길이는 내려뜨
렸을 때 뒷다리 마디까지 닿아야 한다.

털

털의 빛깔은 황색과 백색을 기준으로 하고 있으나 재색, 흑색,
호랑이 무늬색도 드물게 나타난다. 겉털은 윤기가 나며 곧아야 하고
속털은 부드럽고 조밀해야 한다. 꼬리털은 몸털에 비해 약간 길어야
한다. 털이 긴 장모종의 개도 종종 나타난다.

조사자별 진돗개 체형

(단위:cm)

구분	자웅별	1937 森爲三	1966 진도군청	1969 박종만 교수	1978 문재창, 김상일
몸높이	우	40.4〜53	47.17	44.75	45.55
(體高)	♂	43 〜59	49.7	46.35	48.75
몸길이	우	44.4〜69	50.25	51.87	52.37
(體長)	♂	47.33〜70.5	53.15	53.48	53.70

(법정 표준 체형 몸높이는 우 43〜53cm, ♂ 45〜58cm)

한국진도견보호육성법 제2조 동법 시행규칙 제9조 규정에 의한 1979. 11. 23 일자 진도견 심의위원회에서 제정하여 지금까지 시행하는 표준형과 진돗개 심사 채점 요령은 다음과 같다.

구분	기 준	채점 기준
일반 외모	암, 수의 식별이 뚜렷하고 전체적으로 균형이 잡힌 중형견으로서 민첩한 외모를 갖추어야 한다. 체고 ♂ 45~58cm 　　　♀ 43~53cm	생식기 형태 5점, 표준 길이 3점, 표정 5점, 모질 3점, 모색 5점, 보행 5점, 영양상태 4점(계 30점)
두부	정면으로 볼 때는 거의 팔각형으로 보이고 얼굴의 표정은 친절하고 예민하여야 한다.	머리형 7점, 귀 7점, 눈 4점, 코 5점, 치아 2점(계 25점)
체구	등은 튼튼하고 직선이어야 하며 등의 앞부분이 약간 높아야 한다. 가슴은 충분히 발달하여야 한다. 배는 밑으로 처지지 않아야 한다. 상지는 앞다리만 허용, 꼬리는 몸에 알맞고 굵고 힘있게 말아올려지고 길이는 정강이에 닿아야 한다.	등 3점, 가슴 5점, 배 2점, 전각 3점, 후각 3점, 꼬리 8점(계 24점)
혈연	견적부 등록 여부	품성 3점, 번식 능력 3점, 혈통 4점(계 10점)
기타	외관상 관찰	위생 5점, 훈련 3점, 관리 3점(계 11점)
특기사항	장점 단점	총합계 100점

상지(上趾) : 발목 밑에 붙어 있는 정상적인 발가락말고 발목 위에 한 개의 작은 발가락과 긴 발톱이 붙어 있는 것.

진돗개의 품성

주인에 대한 충직성과 귀소성(歸巢性)

진돗개는 첫정을 준 주인을 오랫동안 잊지 못한다. 따라서 강아지 때부터 기르지 않고 성견을 구입했을 경우 탈주 사태가 종종 일어난다. 자유당 말기 진도에서 군용견으로 강원도 전선에 팔려간 개가 한 달 만에 옛 주인집으로 돌아왔다는 일화가 있으며, 해남에 팔았던 개가 목줄을 물어 끊고 옛집을 찾아왔다는 얘기도 있다. 진도 현지의 사육자들과 이야기를 나누다 보면 이러한 일화들이 상당히 많다. 전라북도 임실군 둔남면 오수리에는 주인을 구하다 죽은 충견을 기린 진돗개 형태의 의견상이 세워져 있다.

용맹성

진돗개는 대담하고 용맹스럽기로 이름높다. 산속에서 멧돼지 같은 맹수를 만나도 겁을 먹지 않고 덤벼든다. 야생 동물을 물었을 때 한 번 물면 놓지 않는 지독한 근성을 가지고 있다. 개들끼리 싸울 때도 자신의 몸집보다 훨씬 큰 대형 견종과 맞붙어도 한치도 물러섬이 없다. 일단 싸움이 붙으면 특유의 날랜 몸놀림과 악바리 근성을 발휘, 상대 개는 대개 꼬리를 내리고 도망간다.

임진왜란 때 일본 사람이 우리나라에 왔다가 호랑이를 잡아 일본으로 가져가기 전에 호랑이 밥으로 진돗개 세 마리를 넣어 주었더니 다음 날 호랑이는 죽어 있고 상처투성이의 진돗개들은 살아 있었더라는 전설이 있을 정도이다.

수렵성

진돗개 고유의 능력 가운데 가장 두드러진 것은 수렵성이다. 외국 사냥개와 달리 특별한 훈련을 거치지 않고도 수렵견으로서 뛰어난

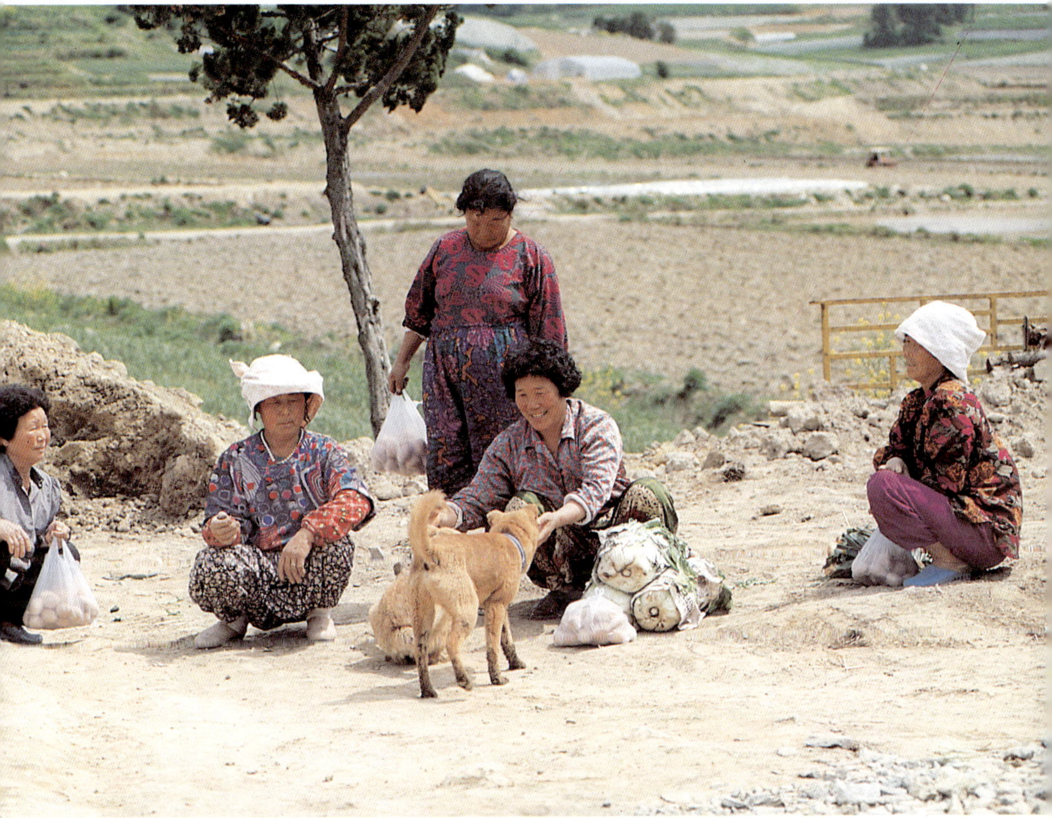

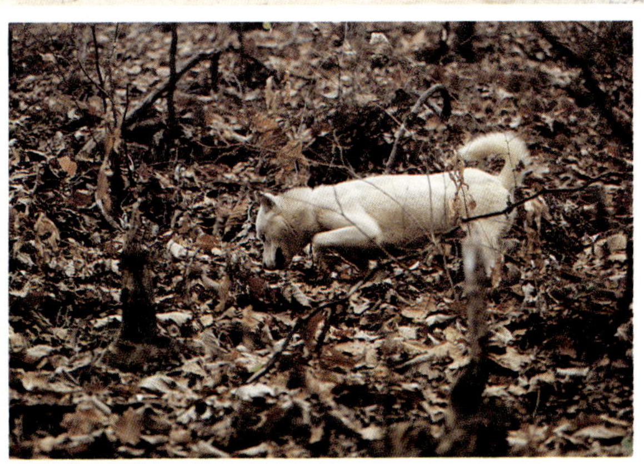

진돗개의 귀소성 진돗개는 첫정을 준 주인을 오랫동안 잊지 못해 성견으로 팔려 갈 경우 종종 도망하여 집으로 찾아온다.(위)

진돗개의 수렵성 사냥에 뛰어난 능력을 가진 진돗개가 오소리 발자국을 추적하고 있다.(왼쪽)

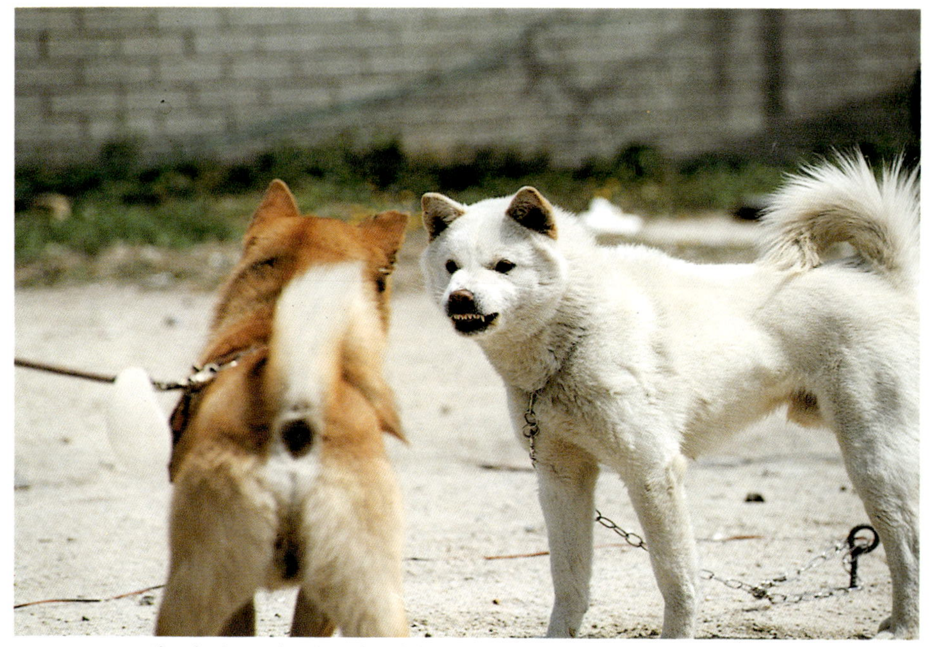

황구와 백구 진돗개 품평회에서 만나 서로 으르렁대는 황구와 백구. 진돗개는 자신의
몸집보다 훨씬 큰 대형 견종과 맞붙어도 한치도 물러서지 않는 악바리 근성을 가지고
있다.

자질을 발휘한다. 5개월 정도만 돼도 야생 동물의 냄새를 정확히
맡으며 1년이 지나면 산짐승을 추격하고 잡으려 한다. 진도에서는
총이나 몰이꾼 없이도 개만 가지고 노루, 산토끼, 꿩, 오소리, 너구리
등을 잡는 일이 흔히 있다.

진돗개의 이런 타고난 수렵성은 예전부터 진도의 자연 환경이
좋아 야생 동물들이 많이 살았고, 개에게 충분한 음식을 주지 않고
풀어 놓은 채 길렀던 까닭에 개 스스로 부족한 끼니를 사냥을 통해
보충하는 과정에서 자연스레 형성되었다.

우수 진돗개 고르는 법

강아지 고르는 법

우수한 진돗개 강아지를 구별해 내기는 그리 쉽지 않다. 오랜 사육과 번식 경험을 통해서 습득되는 것이기 때문이다. 더욱이 진돗개는 혈통 보존이 아직 완벽하지 않기 때문에 혈통서에만 의존해서 강아지를 판단해서는 안 된다. 혈통이 그다지 좋지 않은 강아지가 커 가면서 좋게 변하는 경우도 있고, 그 반대의 경우도 있다. 진돗개 사육의 초보자라면 가장 좋은 방법은 진돗개를 잘 아는 사람과 함께 동반해 강아지를 고르는 것이다.

1. 강아지의 혈통을 확인한다. 부모 개를 직접 확인해 보면 더욱 좋다. 혈통이 우수한 강아지는 성견이 되어서도 우수한 개가 될 확률이 높기 때문이다.

2. 움직임이 활발하고 털에 광택이 있고 콧등이 윤기나며 촉촉해야 한다.

3. 피부병이나 눈동자의 색깔, 눈곱이 끼어 있는지의 여부를 살펴야 한다.

4. 머리통이 다른 강아지에 비해 크고 벌어진 듯한 인상을 주고 귀가 크지 않아야 한다. 귀가 어린 강아지 때부터 너무 일찍 서도 좋지 않다.

5. 황구의 경우 강아지 때는 잿빛이나 검은색 털이 섞여 있는 경우도 있는데 성견이 되면서 차츰 단색으로 나타난다. 백구의 경우는 귀나 오금 부분에 황색 털이 약간씩 섞여 있는 경우가 많다. 그러나 이 색들은 커 가면서 더욱 진하게 되므로 그 정도에 유의해야 한다.

6. 될 수 있으면 감기가 유행하는 겨울철이나 질병이 많이 도는 한여름에는 강아지 구입을 피하는 게 좋다.

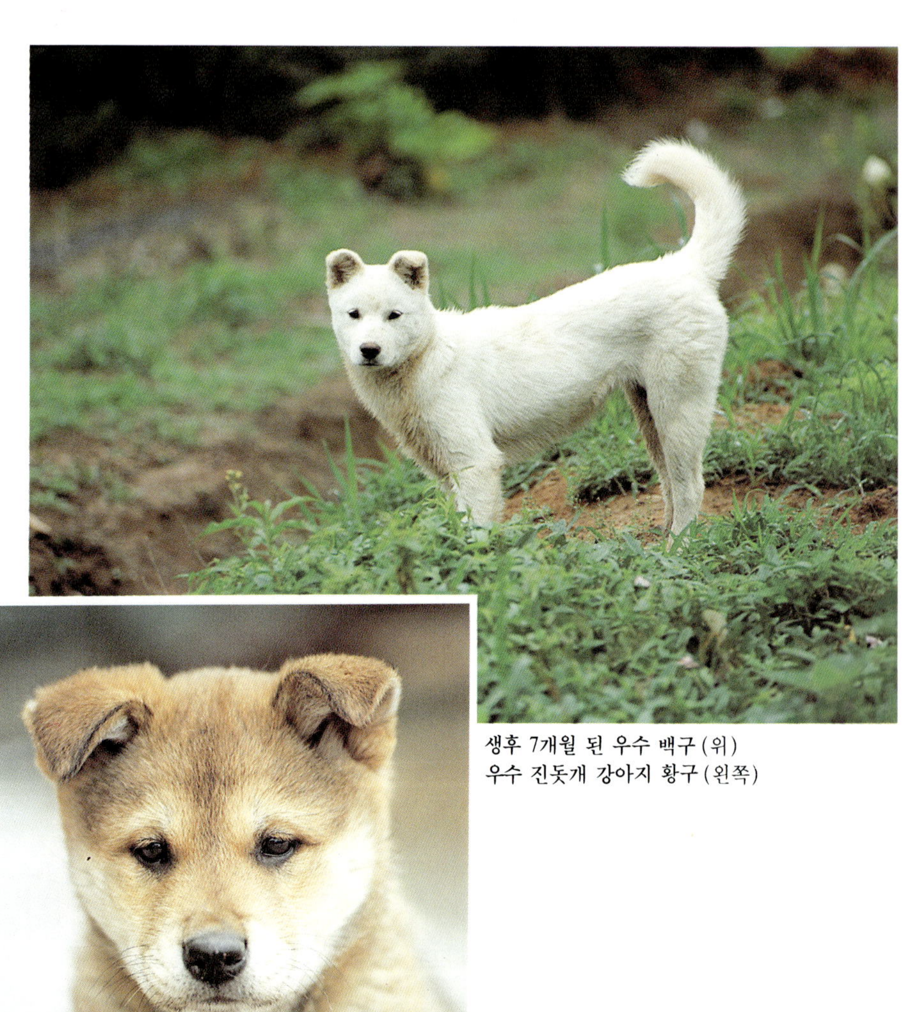

생후 7개월 된 우수 백구 (위)
우수 진돗개 강아지 황구 (왼쪽)

성견을 고를 때

　우수한 성견의 판별법은 앞에서 얘기한 진돗개 표준 체형에 근거
해서 고르면 된다. 단 유의할 점은 성견인만큼 번식 능력에 이상이
없는지를 살펴보고, 진돗개는 바뀐 주인과 정붙이기가 힘드니 개의
성격이 지나치게 급하거나 사나우면 길들이기가 힘들다는 것을
참고해야 한다.

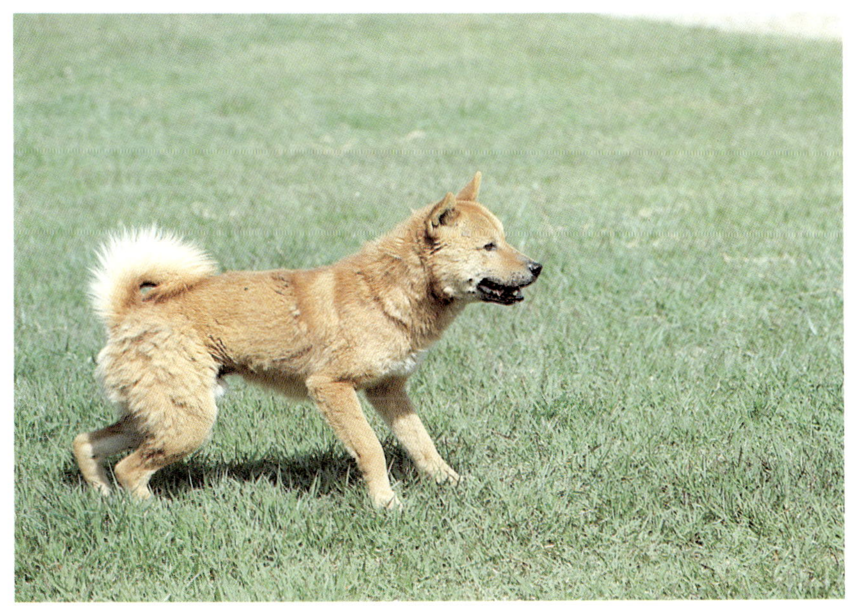

진도의 진돗개 시험 종견장에서 사육되고 있는 우수 성견

진도 현지에서 개를 구입하고자 할 때

진도에서는 공식적으로 연간 2천 두를 반출할 수 있다. 강아지를 반출하고자 할 때는 반드시 진도군 읍내에 있는 '한국 진도견 보육 협동조합'에 '진도견 반출 허가 신고서'를 제출하고 '진도견 반출 허가증'을 받도록 해야 한다. 허가증 없이 진돗개를 반출하다 단속에 걸리게 되면 개를 압류당하고 벌금을 물게 된다. 육지와 진도를 잇는 진도대교 검문소에서는 경찰관이 항시 검문을 하고 있다.

진도에는 약 2만 마리의 진돗개가 살고 있다. 진돗개가 아닌 개는 키울 수 없도록 되어 있다. 그러나 그 가운데 1만 2천 두 가량이 진돗개다운 진돗개라 할 수 있으며, 이 가운데에도 7천 두가 국가 심사에 합격한 개이다. 하지만 진짜 진돗개의 품성과 형질을 갖추고 있는 우수견은 1천 두에도 못미치는 실정이다. 따라서 진도 현지에서도 진짜 우수한 진돗개를 구하는 것은 쉽지 않다. 강아지를 구하기 위해 진도를 다 뒤지고 다닐 수는 없으므로 장날을 택해 가는 것이 좋다.

진도읍, 오일시, 십일시, 의신면, 지산면의 다섯 군데에서 장이 열린다. 가장 큰 장은 십일시장(매달 4일, 14일, 24일)과 진도읍장(2일, 7일 식으로 5일마다 열린다)이다. 장에 나가면 주민들이 팔려고 가지고 나오는 강아지가 많다.

거래할 때는 보육 조합에서 발행하는 노란색의 '진도견 출산증명'이 따라다닌다. 부견과 모견의 등록번호, 성별, 출생년월일, 번식자 주소 등이 기록되어 있고 혈통견인지 보통견인지 구분되어 있다. 보통견은 10만 원 안팎, 혈통견은 20만 원선이다.

이와 함께 '한국 진도견 보육 협동조합'에 강아지 구입을 신청하는 방법도 있다. 전화(0632−544−2048)로 구입을 신청하고 대금은 농협 온라인으로 송금하면 된다. 강아지의 등급에 따라 가격이 다르

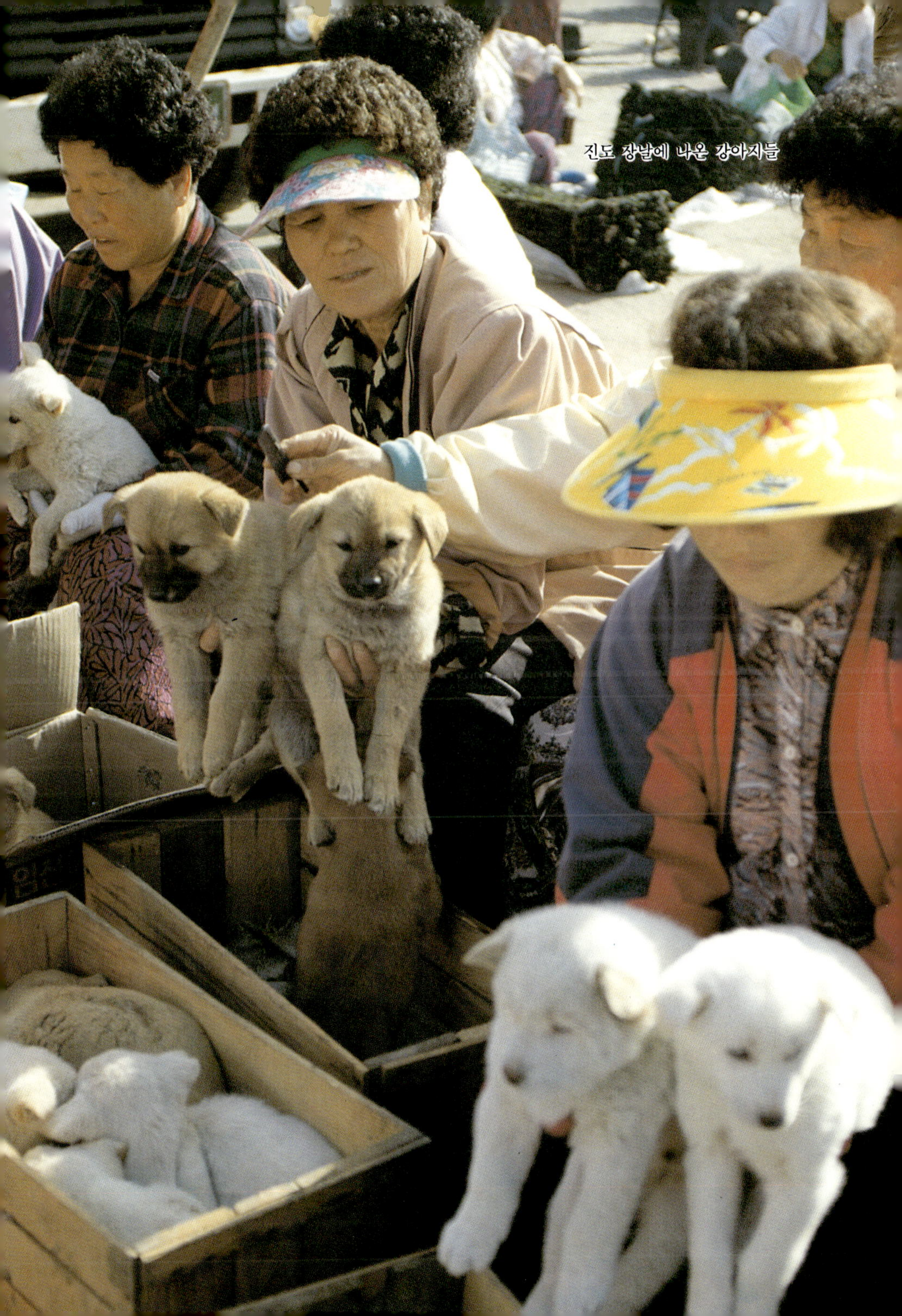
진도 장날에 나온 강아지들

다. 강아지의 인수는 보육 조합에서 운영하고 있는 '진돗개 시험
종견장'(조금리 소재)에서 하게 된다.

참고로 진도 안에서의 우수 진돗개들을 보며 진돗개에 대한 식견
을 넓히고자 한다면 '우수 진돗개 보존 마을'을 돌아보는 것이 좋
다. 현재 진도에서는 조합에서 우수 진돗개 보존 마을을 지정해
위탁 사육을 실시하고 있다. 백색과 황색 진돗개의 혼잡을 막기
위해 각기 백구 마을과 황구 마을로 나누었는데 황구는 임회면 상미
리에, 백구는 고군면 오유리에 우수견이 많다.

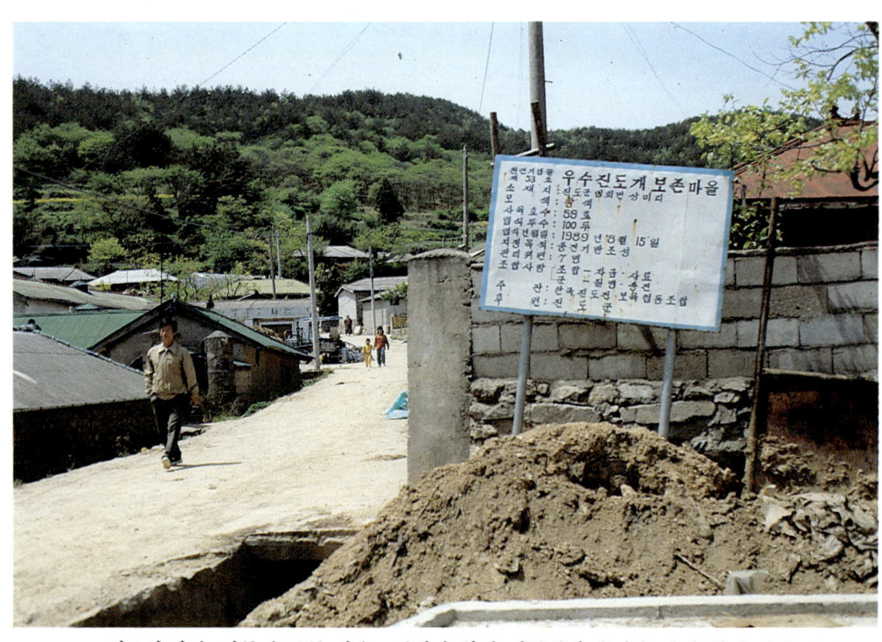

진도의 우수 진돗개 보존 마을 백색과 황색 진돗개의 혼잡을 막기 위해 각기 백구
마을과 황구 마을로 나누어 사육하고 있다. 황구는 임회면 상미리에, 백구는 고군면
오유리에 우수견이 많다.

도시에서 진돗개를 구입하고자 할 때

진돗개는 진도말고도 전국적으로 많이 산재해 있다. 도시에서 몇 대를 걸치면서 번식돼 온 진돗개의 숫자도 많이 불어났다. 도시에서 진돗개를 구입하고자 할 때는 여러 가지 방법이 있을 것이다.

첫째, 우수 진돗개를 사육하고 있는 집을 알아 자견 분양을 예약해 놓을 수 있다. 진돗개는 종자만 좋으면 액수에 관계없이 사려는 사람이 많으니 미리 부모견을 확인하고 구입 예약을 하는 것이다.

둘째, 전문 번식가를 통해 구입할 수 있다. 전문 번식가는 집단 사육을 통해 많은 수의 개를 키우므로 선택의 폭이 넓을 수가 있다. 일단 번식장에 들러 개들의 관리 상태를 살펴보고 태어나 있는 강아지들 가운데에서 고르거나, 마음에 드는 종견이 있다면 그 개의 강아지를 예약한다.

셋째, 개를 구입할 때 가장 손쉽게 이용할 수 있는 곳이 애견 센터나 가축병원일 것이다. 이곳에는 손님들의 기호에 맞추어 다양한 종류의 개들을 항시 전시해 놓으므로 선택하기도 쉽고 개를 기르는 요령이나 질병 방지에 대한 여러 가지 의견을 들을 수 있는 이점이 있다.

또한 번식장이나 일반 가정의 사육가들과 긴밀하게 연결되어 있어 주문만 하면 원하는 개를 금세 가져다 준다. 하지만 아쉬운 점은 많은 개들이 출입하는 관계로 질병에 전염돼 있을 위험이 있고, 부모개를 확인하기 어렵다는 것이다.

또한 지나친 상업성의 발휘로 때때로 너무 높은 액수를 부르거나, 우수하지 않은 종자를 우수한 개인 양 과장하는 경우도 없지 않다. 따라서 이곳을 이용하고자 한다면 진돗개를 잘 아는 사람을 데리고 간다거나 여러 군데를 둘러보고 비교 선택해 가장 신뢰가 가는 곳을 택하는 요령이 필요하다.

주의해야 할 가짜 진돗개

진돗개 사육 경험이 별로 없는 사람이라면 진돗개 강아지와 흔히 똥개라 불리는 재래종 강아지와의 식별도 처음에 쉽지 않다. 다른 서양개에 비해 진돗개는 강아지일 때 외양이 그다지 볼품있는 편이 아니기 때문이다. 그래서 일부 사람들이 진돗개와 외양이 비슷한 일본의 아키다견이나 중국의 차우차우견과 의도적으로 혼혈을 시키는 경우가 있다. 이런 개들과 1대 잡종 강아지는 순수 진돗개와 모습이 거의 같은 데다 그 몸집이나 외양이 크고 수려해 보여 우수 진돗개로 오인돼 높은 가격에 팔리고 있다.

웬만큼 진돗개에 대한 일가견을 가지고 있지 않으면 이런 가짜 진돗개를 강아지일 때 구별해 내기 어렵다. 가장 좋은 방법은 앞에서 여러 번 언급했듯이 강아지의 부모견을 확인하는 방법이 제일 확실하다. 그것이 어렵다면 강아지의 골격이나 털색깔, 혀를 보고 가려 내야 하는데 이것도 오랜 경험을 통해 '감(感)'으로 익혀지는 것이기 때문에 글로 설명하긴 어렵지만 몇 가지만 언급한다.

첫째, 골격이 다른 진돗개 강아지에 비해 눈에 띄게 크고 안정돼 있으며 털색깔이 고운 경우에는 아키다견과의 혼혈을 의심해 볼 수 있다.

둘째, 털색깔이 붉은기가 돌도록 짙고 머리통이 발달돼 있거나, 혀가 보랏빛을 띠거나 보랏빛 반점이 있으면 차우차우견과의 혼혈일 확률이 크다.

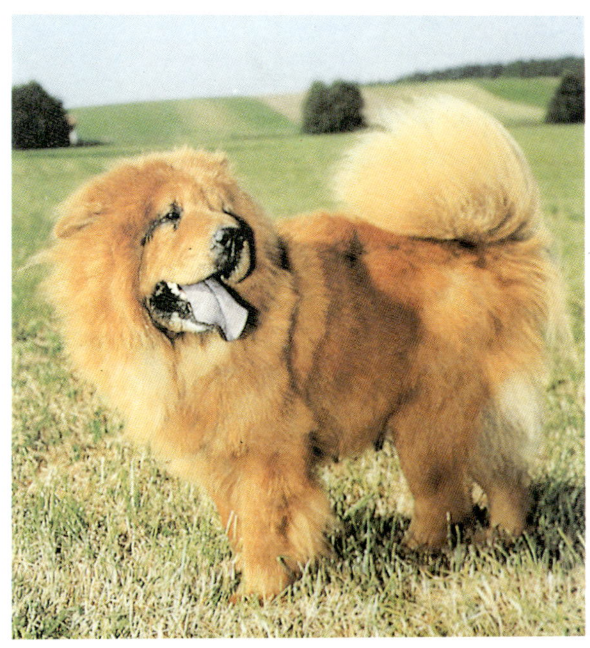

중국 차우차우견 이 개는 혀가 보라색이므로 차우차우의 피가 섞인 진돗개는 혀에 보랏빛 반점이 있을 확률이 높다.

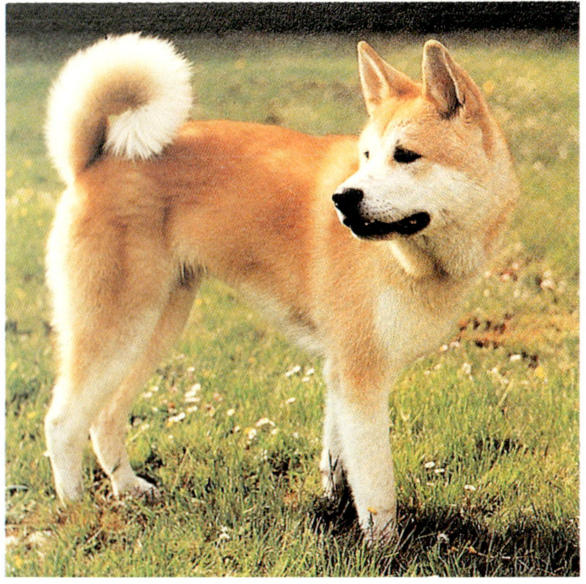

일본 아키다견 아키다견의 피가 섞인 진돗개들이 종종 우수 진돗개로 팔리고 있으므로 주의해야 한다.

진돗개의 사육과 훈련

진돗개 사육에서 주의할 점

일반적으로 개의 먹이는 사육자의 식사와 밀접한 관계를 가지고 있다. 진돗개의 경우 한국의 풍토에 길들여져 있으므로 서양개처럼 입맛이 까다롭지 않고 서민적이라 할 수 있다. 그러나 일부의 잘못된 속설에는 진돗개는 고기 같은 고단백질 식품보다는 보리밥에 된장이나 비벼서 먹여야 진돗개다운 품성이 살아나고 건강하다는 말이 있다. 그러나 이것은 잘못된 것이다. 이런 말이 전해지게 된 것은 과거 진도의 진돗개 사육 방법 때문이다. 춘궁기 등을 겪었던 예전에는 개의 먹이에 신경을 쓸 여력이 없었다. 진도에서는 과거 조, 고구마, 보리, 감자 등 잡곡을 많이 먹었기 때문에 진돗개에도 주로 이런 음식류가 사료로 쓰였다. 당연히 영양 부족을 초래했다. 그래서 개들은 들쥐나 개구리를 스스로 잡아먹어 영양을 보충하고 때로는 노루, 토끼, 꿩 등까지도 잡아먹었다. 진돗개의 타고난 수렵 능력도 이런 배경이 큰 작용을 했을 것이다. 그런데 이같은 특수성을 제외한 채 도시에서 묶어 기르면서도 이런 사료들을 공급하면 개는 당연히 발육 장애, 임신 장애는 물론 질병 저항력까지 떨어져 볼품없는 개로 자라기 쉽다.

개의 주식은 단백질이고 하루 급식 총량은 체중의 5 내지 15퍼센트 비율이 적당하며, 동물성 식품이 60, 70퍼센트, 식물성 식품이 30, 40퍼센트로 배합해 주는 것이 좋다. 강아지일 때는 밥에다 생선 머리, 멸치, 야채 등을 잘게 썰어 충분히 끓여 하루 4, 5회에 걸쳐 조금씩 나누어 먹이고, 생후 5개월이 지나 1년까지는 하루 3회, 1년 이상이 되면 아침, 저녁 하루 두 끼만 주도록 한다. 요즘에는 개가 좋아하고 영양 균형도 잘 맞추어 놓은 인스턴트 개사료도 다양하게 나와 있으므로 이것을 구입해 용량대로 먹이는 방법도 있다.

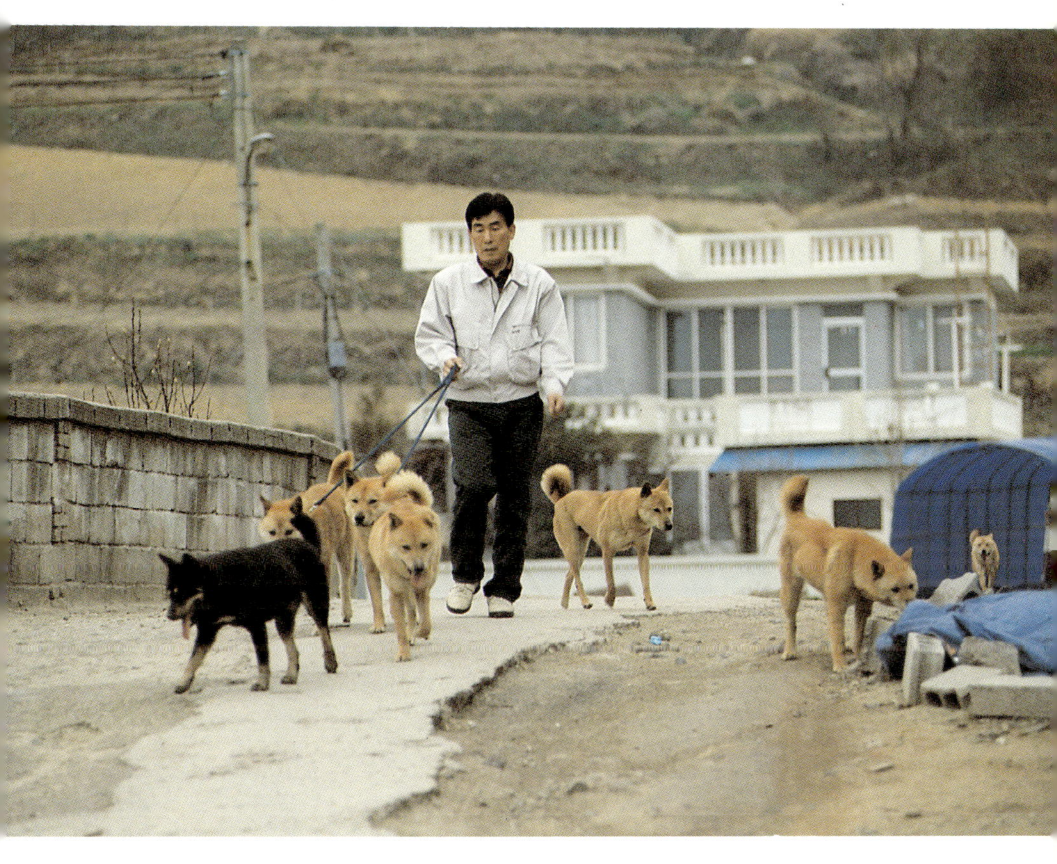

진돗개 운동 진돗개는 속박을 싫어하는 야성적 성품을 가지고 있어 특히 도시에서는
일정한 시간 운동을 시켜 주어야 올바른 성품을 유지할 수 있다.

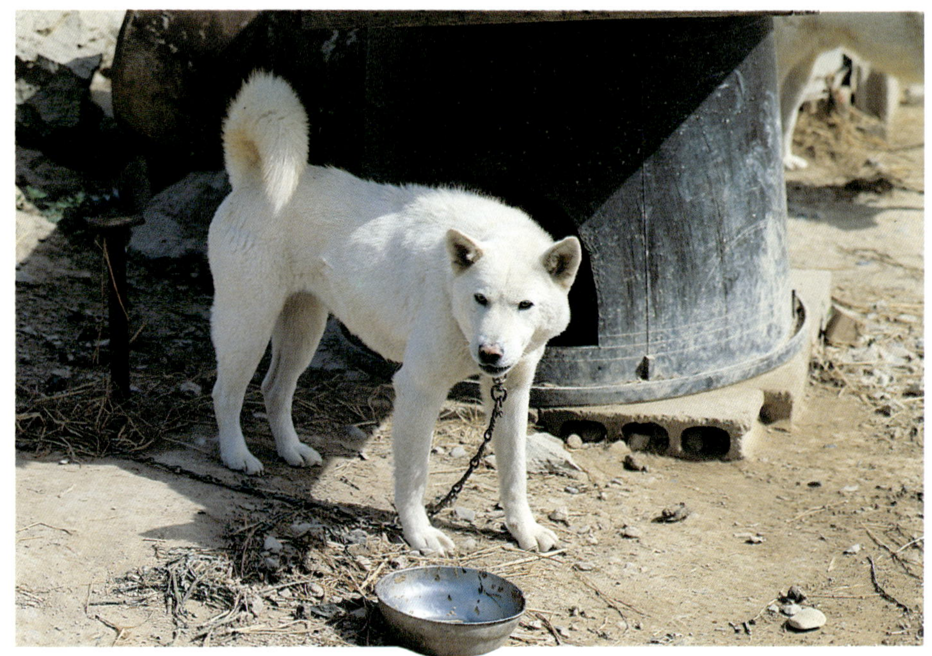

진돗개 먹이 진돗개는 보리밥에 된장이나 비벼 주면 된다는 일부의 주장은 잘못된 것이며, 당연히 영양 상태를 고려해 먹이를 줘야 한다.

다음으로는 특히 도시에서 길러지고 있는 진돗개들의 운동 부족 문제이다. 진돗개는 원래 진도 현지에서부터 자유롭게 놓아 길러 왔고 견종의 특성상 속박을 싫어하는 야성적 성품이므로 도시에서 매어 기르게 되면 비만, 신경질, 불임증 등을 유발시킬 가능성이 높아진다. 따라서 6개월 이전까지는 집안에서 놓아 길러 마음대로 돌아다니게 하여 스스로 운동 부족을 해결하도록 하고, 그 이후부터 는 일정한 시간을 정해 운동을 시켜 주어야 건강하고 올바른 품성을 유지할 수 있다.

진돗개의 훈련

개는 어떠한 개든지 어릴 때부터 주인이 올바른 습관을 들이도록 노력해야 한다. 잘못된 행동은 벌을 주고 옳은 일을 했을 때는 칭찬을 하거나 개가 좋아하는 음식을 줌으로써 주인의 행동을 통해 자신의 행위를 판단할 수 있게 해야 한다.

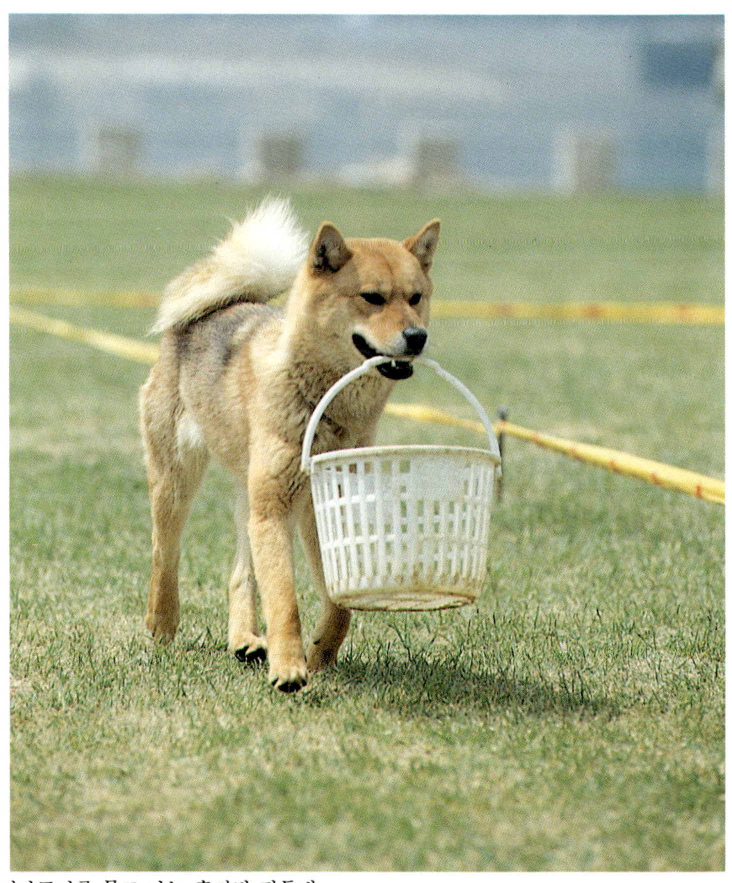

장바구니를 물고 가는 훈련된 진돗개

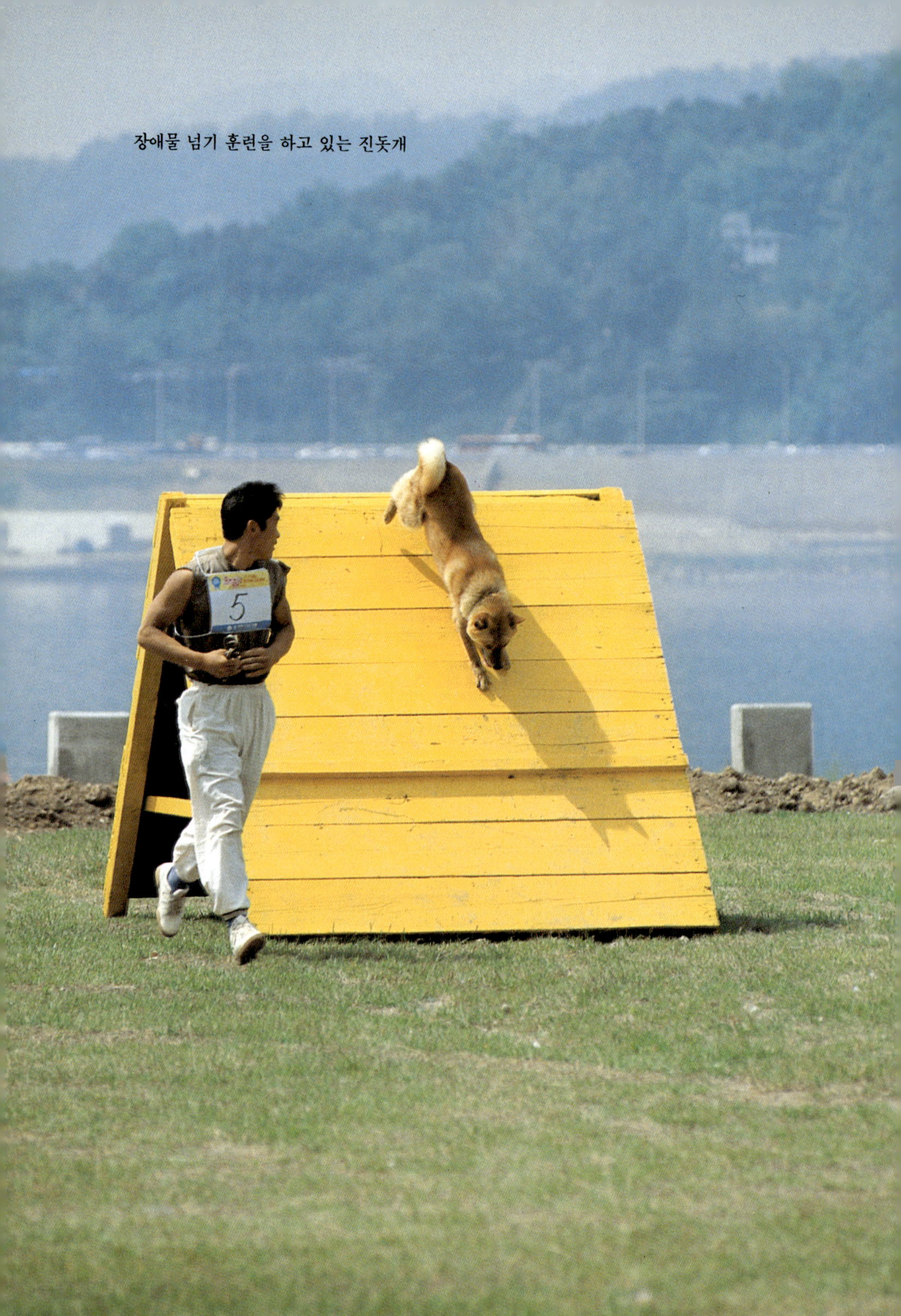

장애물 넘기 훈련을 하고 있는 진돗개

진돗개는 영리하고 성질이 깔끔해 일상 생활에서 대소변 가리기나 기본 훈련 등은 사육자가 조금만 노력하면 금세 습득할 수 있다. 지나친 욕심을 내어 어려운 동작을 가르치기보다는 쉬운 동작부터 인내심을 가지고 반복 훈련을 시키는 것이 좋다.

특수한 목적을 가지고 개 훈련소에 입소시켜 교육을 받도록 하는 방법도 있지만 진돗개의 훈련은 다른 견종과는 달리 타인에 의한 훈련은 용이하지 않은 편이다. 주인말고는 잘 따르지 않는 성격에다가 구속을 싫어하는 야성적 품성, 예민한 감수성 때문에 셰퍼드에 비해 오랜 기간 훈련이 필요하다. 진돗개의 특성에 맞추어 훈련을 시킬 수 있는 진돗개 전문 훈련사나 전문 훈련소의 양성이 기다려진다.

진돗개의 번식과 종견 선정

암캐는 생후 8개월 정도가 되면 첫 발정이 나타난다. 그러나 그 시기는 어미개의 신체가 완전한 성숙 단계에 이르지 못한 때이므로 그냥 넘기는 것이 좋다. 어미개가 미성숙할 때 새끼를 낳게 되면 난산이나 조산의 우려는 물론, 어린 강아지의 양육에도 서툴 확률이 높다. 또한 어미개의 신체에도 큰 타격을 주어 체형이 망가져 버리기도 한다.

암캐는 보통 1년에 2번 발정을 한다. 교배의 시기는 첫 출혈이 발견된 날로부터 10 내지 13일 정도 지난 뒤가 적당하다. 또한 안전을 위해서 최소 2번 정도 교배시키는 것이 좋다. 강아지는 교배일로부터 60 내지 64일 지나서 새끼를 낳게 된다. 암캐가 단순히 번식 목적이 아니라면 암캐의 건강과 체형 유지를 위해 출산 뒤 바로 다음의 발정 때는 임신을 피해 주는 것이 좋다.

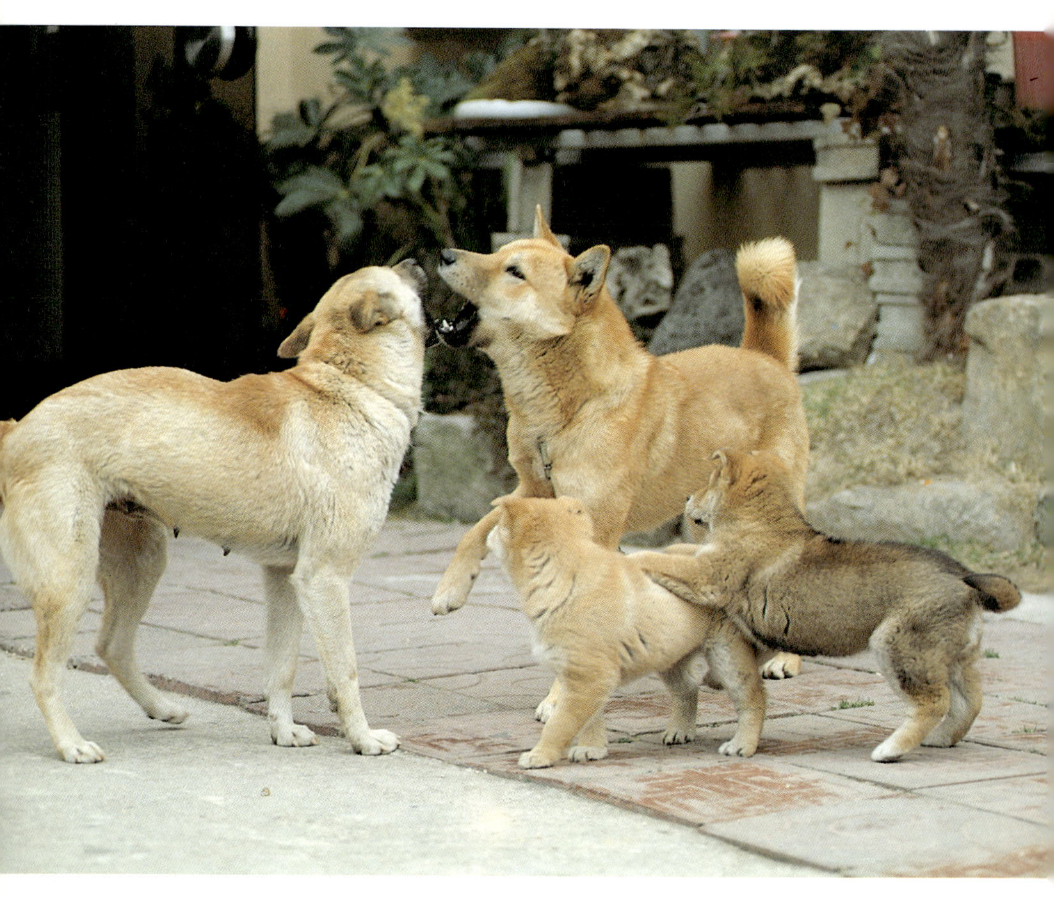

진돗개 가족 암수의 장단점과 유전력을 잘 검토해 번식을 시켜야 좋은 견종을 작출할 수 있다.

　종견을 고를 때는 수캐의 혈통이 무엇보다 중요하나, 진돗개의
경우 완벽한 혈통 고정이 되어 있지 않아 우수 수캐를 골라도 의외
로 강아지가 시원찮은 경우가 종종 있다. 따라서 수캐의 외모와
품성 못지않게 그 개의 장점을 얼마나 암캐에게 잘 전달해 줄 수
있는가 하는 유전력도 검토해 봐야 한다. 키우고 있는 암캐가 다른
점들은 다 우수한데 모질이나 꼬리가 약하다면 꼬리가 우수하며
유전력이 강한 수개를 선택하거나, 두상이 약하면 두상이 좋은 종견
을 선택하는 식의 방법도 좋다. 그리고 될 수 있으면 황구와 백구의
혼색 교잡은 피해야 된다. 두 색의 개가 교배를 하게 되면 백구는
누런 털이 많이 섞여 나오게 되고 황구는 털빛이 옅어지며, 그 개들
의 후대까지도 오랫동안 황구와 백구가 섞여 나오게 된다.

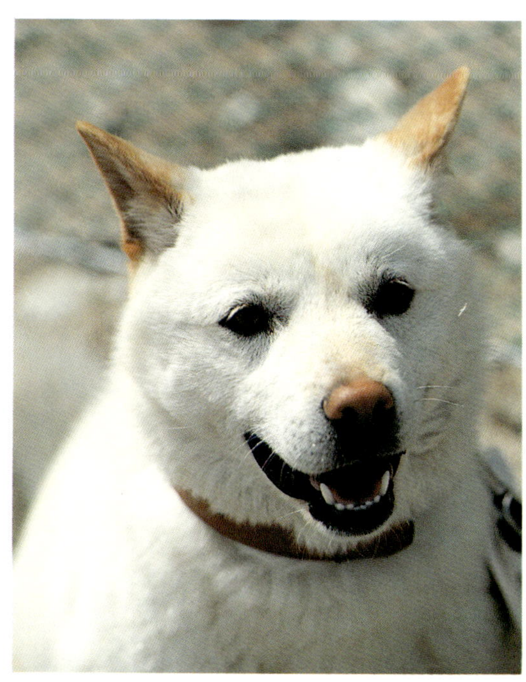

백구　귀에 노란 털이 많이 섞인 백구 모
습. 우수 진돗개의 보존을 위해 황구와
백구의 교잡은 피해야 한다.

진돗개의 육종 방향

진돗개는 천연기념물로 지정된 지 이미 50년이 지났지만 체계적이고 과학적인 보존 육성 방안도 없이 방치하다시피 해 숱하게 멸종 위기설이 나돌았고, 멸종 위기설을 넘긴 최근에도 어떤 개가 진짜 진돗개인가 하는 점에 설왕설래가 계속되고 있는 형편이다.

한때는 일본개처럼 균형잡힌 외모의 개만을 선호했던 적도 있었고, 얼마 전부터는 외모는 둘째치고 수렵성, 야성만이 진돗개를 상징하는 것인 양 주장하기도 했다. 요즘 와서는 양자를 조화하는 추세가 정착돼 가고 있어 그나마 다행이다. 아무리 외모가 수려해도 진돗개다운 특성을 잃은 개를 진돗개라 할 수 없으며, 성품이 아무리 좋아도 그 외모의 중요성이 반감될 수는 없는 것이다. 그러나 현대화, 도시화의 물결 속에서 그 양자를 조화해 내는 개를 육종하는 것은 그리 쉽지 않다. 특히 도시에서 몇 대를 걸친 진돗개는 계획적인 번식과 사육자의 올바른 관리로 외모에 있어서는 일본개 못지않게 보기 좋은 개들이 많으나 진돗개 고유의 품성은 점차 사라져 갈 수밖에 없는 현실이다. 도시에서 수렵성을 키운다고 정기적으로 산야를 누비게 하기도 어렵고, 더욱이 야생 동물 보호가 절실한 현실에서 불법 수렵을 하는 것도 있을 수 없는 일이다.

따라서 앞으로는 관상견, 수렵견, 번견, 특수견 등 그 용도를 나누어 혈통 체계를 세워 나가는 방법도 고려해 봐야 할 것이다. 관상견은 말 그대로 외모의 최고 아름다움을 지향하고, 수렵견은 개의 수렵 능력으로, 번견은 가정에서 부담없이 키울 수 있는 개로 각기 차별화하는 것이다. 또한 진돗개는 아직 군용견, 경찰견, 맹도견, 마약 탐지견 등과 같이 특수 전문견으로 활용되지 못하고 있는데 앞으로 이 방면에서의 활용도 연구, 검토되어야 할 것이다.

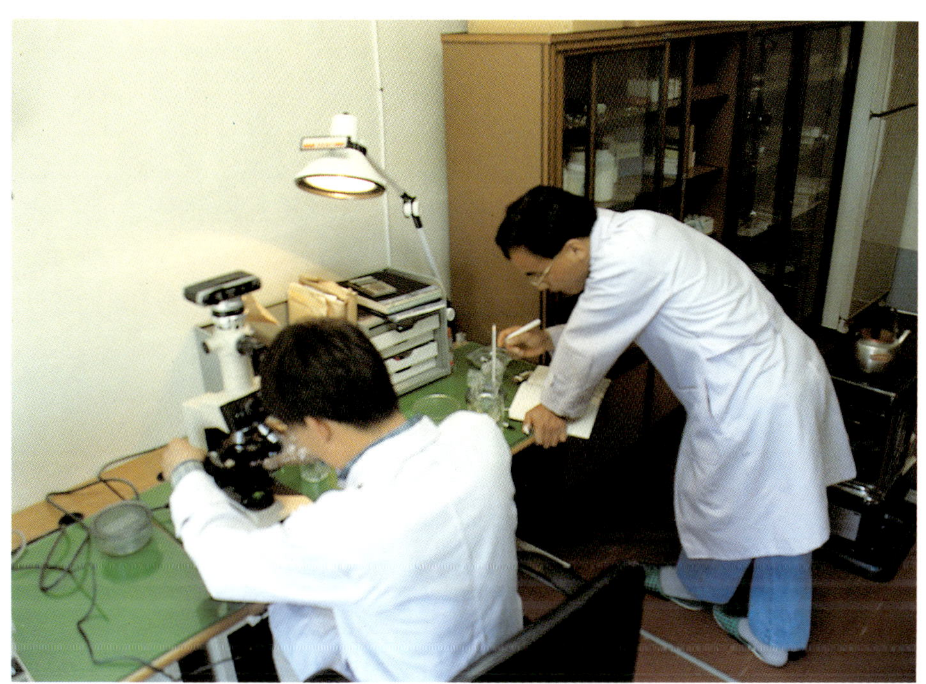

진돗개의 인공 수정 연구 모습

끝맺는 말

나라마다 고유한 토착 동물이 있으나 이들을 개량해서 인간 생활에 기여할 수 있는 품종으로 만드는 일은 영국을 중심으로 한 유럽에서 주로 이루어져 왔다.

개의 경우는 독일 사람들에 의해 뛰어난 품종들이 창출되었는데 셰퍼드, 도베르만 등이 그 예이다. 어떤 사람들은 인간이 만든 최고의 걸작품으로 스테파니츠가 만든 셰퍼드를 들기도 하는데 셰퍼드의 품성, 일 수행 능력, 우아한 모습 등으로 인해 독일인의 자부심을 크게 높여 주고 있을 뿐만 아니라 2차 대전 뒤 경제 부흥기에 막대한 외화 수입원이 되기도 했다.

동양권에서는 일본과 중국이 우수한 품종의 개를 많이 만들어 내었는데 일본의 경우 1930년대부터 지역에 따라 고유한 개들에 대한 보존 노력과 연구가 체계적으로 이루어졌다. 그 결과로 우리가 잘 아는 10여 종에 이르는 일본개들이 개량되었으며 서구의 어떤 나라들과도 어깨를 겨룰 수 있는 애견 선진국이 되었다. 아키다, 칭, 도사, 스피츠 등이 일본의 자랑스런 개들인데 세계 각지에서 사랑받으며 길러지고 있다.

일본개를 집안 식구로 여기는 외국 사람들은 당연히 일본에 대해 호감을 가지게 되며 역사, 문화에 대해 관심을 가지는 것은 당연한 일일 것이다. 좋은 품종의 개는 최고의 민간 외교관이 되며 메달을 획득한 올림픽 선수 못지않은 지속적인 국위 선양자가 되는 것이다.

그런데 5천 년 역사의 문화 민족임을 자부하는 우리는 어떠한가, 이 땅에서 그토록 오랫동안 살아왔던 옛그림 속의 우리토종개들은 다 어디로 가 버렸는가?

그동안 일본 사람들에 의해 조직적으로 도살되고, 왜곡된 데다 우리 스스로 우리 개를 아끼고 보존하지 않은 까닭에 이 땅의 개들은 엄청난 수난을 받은 것이다.

우리의 전통 문화를 발굴 보존하는 일이 음악, 회화, 공예 등 다방면에서 오래 전부디 이루이져 오고 있으니 유독 우리 정서에 맞는 우리 개를 찾아 보존, 육성해 오는 일만은 등한시되어 온 것이 사실이다.

진정한 우리 개로서 한국 사람들에 의해 발굴, 보존된 진짜 토종개들이 많이 나와서 우리 애견 문화가 외국, 특히 아직도 깊이 빠져 있는 일본의 식민지 지배 논리의 영향에서부터 깨어나기를 바라는 마음 간절하다.

참고 문헌

윤인숙 '한국산 삽사리의 유전적 변이' 효성여자대학교 박사학위 논문, 1993.

이상로 'DNA 지문법을 이용한 삽사리의 가계분석' 경북대학교 석사학위 논문, 1992.

탁연빈 '고유견 삽사리의 보호 육성에 관한 연구' KOSEF 90-05-00-11, 1993.

하지홍 '삽사리의 모색 특징과 혈통에 관한 연구' 한국유전학회지 13-4, pp.247~254, 1991.

배선옥 '조선시대의 견도에 관한 연구' 성신여자대학교 석사학위 논문, 1984.

안휘준 「한국회화사」 일지사, 1991.

김철순 「한국민화논고」 예경, 1991.

이동주 「우리나라의 옛 그림」 박영사, 1981.

김정호 「진도견」 전남일보사, 1979.

이상오 「수렵비화」 박문사, 1971.

한국진도견보호협회 「한국진도견백과」 1971.

───────────── 「진도개」 1, 2호, 1973.

한국진도견보육협동조합 「진도개」 1990.

이정길 외 '진도견의 생리적 특성에 관한 연구' 전남대 수의과대학 연구보고서, 1988.

임병철 「대한민국 진도견 도감」 미산, 1991.

한국진도견혈통보존협회 「'89 순수혈통진도견편람」 1989.

빛깔있는 책들 301-17

한국의 토종개

글	―하지홍, 임인학
사진	―임인학
발행인	―장세우
발행처	―주식회사 대원사
편집	―김한주, 이혜승, 조은정, 황인원
미술	―윤봉희
전산사식	―육세림, 이규헌

첫판 1쇄 ―1993년 12월 10일 발행
첫판 5쇄 ―2003년 4월 30일 발행

주식회사 대원사
우편번호/140-901
서울 용산구 후암동 358-17
전화번호/(02) 757-6717~9
팩시밀리/(02) 775-8043
등록번호/제 3-191호
http://www.daewonsa.co.kr

이 책에 실린 글과 그림은, 저자와 주식회사 대원사의 동의가 없이는 아무도 이용하실 수 없습니다.

잘못된 책은 책방에서 바꿔 드립니다.

값 13,000원

ISBN 89-369-0151-6 00490

빛깔있는 책들

민속(분류번호 : 101)

1 짚문화	2 유기	3 소반	4 민속놀이(개정판)	5 전통 매듭
6 전통 자수	7 복식	8 팔도 굿	9 제주 성읍 마을	10 조상 제례
11 한국의 배	12 한국의 춤	13 전통 부채	14 우리 옛 악기	15 솟대
16 전통 상례	17 농기구	18 옛 다리	19 장승과 벅수	106 옹기
111 풀문화	112 한국의 무속	120 탈춤	121 동신당	129 안동 하회 마을
140 풍수지리	149 탈	158 서낭당	159 전통 목가구	165 전통 문양
169 옛 안경과 안경집	187 종이 공예 문화	195 한국의 부엌	201 전통 옷감	209 한국의 화폐
210 한국의 풍어제				

고미술(분류번호 : 102)

20 한옥의 조형	21 꽃담	22 문방사우	23 고인쇄	24 수원 화성
25 한국의 정자	26 벼루	27 조선 기와	28 안압지	29 한국의 옛 조경
30 전각	31 분청사기	32 창덕궁	33 장석과 자물쇠	34 종묘와 사직
35 비원	36 옛책	37 고분	38 서양 고지도와 한국	39 단청
102 창경궁	103 한국의 누	104 조선 백자	107 한국의 궁궐	108 덕수궁
109 한국의 성곽	113 한국의 서원	116 토우	122 옛기와	125 고분 유물
136 석등	147 민화	152 북한산성	164 풍속화(하나)	167 궁중 유물(하나)
168 궁중 유물(둘)	176 전통 과학 건축	177 풍속화(둘)	198 옛 궁궐 그림	200 고려 청자
216 산신도	219 경복궁	222 서원 건축	225 한국의 암각화	226 우리 옛 도자기
227 옛 전돌	229 우리 옛 질그릇	232 소쇄원	235 한국의 향교	239 청동기 문화
243 한국의 황제	245 한국의 읍성	248 전통장신구		

불교 문화(분류번호 : 103)

40 불상	41 사원 건축	42 범종	43 석불	44 옛절터
45 경주 남산(하나)	46 경주 남산(둘)	47 석탑	48 사리구	49 요사채
50 불화	51 괘불	52 신장상	53 보살상	54 사경
55 불교 목공예	56 부도	57 불화 그리기	58 고승 진영	59 미륵불
101 마애불	110 통도사	117 영산재	119 지옥도	123 산사의 하루
124 반가사유상	127 불국사	132 금동불	135 만다라	145 해인사
150 송광사	154 범어사	155 대흥사	156 법주사	157 운주사
171 부석사	178 철불	180 불교 의식구	220 전탑	221 마곡사
230 갑사와 동학사	236 선암사	237 금산사	240 수덕사	241 화엄사
244 다비와 사리	249 선운사			

음식 일반(분류번호 : 201)

60 전통 음식	61 팔도 음식	62 떡과 과자	63 겨울 음식	64 봄가을 음식
65 여름 음식	66 명절 음식	166 궁중음식과 서울음식		207 통과 의례 음식
214 제주도 음식	215 김치			

건강 식품(분류번호 : 202)

105 민간 요법	181 전통 건강 음료

즐거운 생활(분류번호 : 203)

67 다도	68 서예	69 도예	70 동양란 가꾸기	71 분재
72 수석	73 칵테일	74 인테리어 디자인	75 낚시	76 봄가을 한복
77 겨울 한복	78 여름 한복	79 집 꾸미기	80 방과 부엌 꾸미기	81 거실 꾸미기
82 색지 공예	83 신비의 우주	84 실내 원예	85 오디오	114 관상학
115 수상학	134 애견 기르기	138 한국 춘란 가꾸기	139 사진 입문	172 현대 무용 감상법
179 오페라 감상법	192 연극 감상법	193 발레 감상법	205 쪽물들이기	211 뮤지컬 감상법
213 풍경 사진 입문	223 서양 고전음악 감상법		251 와인	

건강 생활(분류번호 : 204)

86 요가	87 볼링	88 골프	89 생활 체조	90 5분 체조
91 기공	92 태극권	133 단전 호흡	162 택견	199 태권도

한국의 자연(분류번호 : 301)

93 집에서 기르는 야생화		94 약이 되는 야생초	95 약용 식물	96 한국의 동굴
97 한국의 텃새	98 한국의 철새	99 한강	100 한국의 곤충	118 고산 식물
126 한국의 호수	128 민물고기	137 야생 동물	141 북한산	142 지리산
143 한라산	144 설악산	151 한국의 토종개	153 강화도	173 속리산
174 울릉도	175 소나무	182 독도	183 오대산	184 한국의 자생란
186 계룡산	188 쉽게 구할 수 있는 염료 식물		189 한국의 외래 · 귀화 식물	
190 백두산	197 화석	202 월출산	203 해양 생물	206 한국의 버섯
208 한국의 약수	212 주왕산	217 홍도와 흑산도	218 한국의 갯벌	224 한국의 나비
233 동강	234 대나무	238 한국의 샘물	246 백두고원	

미술 일반(분류번호 : 401)

130 한국화 감상법	131 서양화 감상법	146 문자도	148 추상화 감상법	160 중국화 감상법
161 행위 예술 감상법	163 민화 그리기	170 설치 미술 감상법	185 판화 감상법	
191 근대 수묵 채색화 감상법		194 옛 그림 감상법	196 근대 유화 감상법	204 무대 미술 감상법
228 서예 감상법	231 일본화 감상법	242 사군자 감상법